短影音制霸

**打造 TikTok
YT Shorts
IG Reels 成功方程式
與 AI 高效創作力**

關於文淵閣工作室
ABOUT

常常聽到很多讀者跟我們說：我就是看你們的書學會用電腦的。

是的！這就是寫書的出發點和原動力，想讓每個讀者都能看我們的書跟上軟體的腳步，讓軟體不只是軟體，而是提昇個人效率的工具。

文淵閣工作室創立於 1987 年，創會成員鄧文淵、李淑玲在學習電腦的過程中，就像每個剛開始接觸電腦的你一樣碰到了很多問題，因此決定整合自身的編輯、教學經驗及新生代的高手群，陸續推出「快快樂樂全系列」電腦叢書，冀望以輕鬆、深入淺出的筆觸、詳細的圖說，解決電腦學習者的徬徨無助，並搭配相關網站服務讀者。

隨著時代的進步與讀者的需求，文淵閣工作室除了原有的 Office、多媒體網頁設計系列，更將著作範圍延伸至各類程式設計、影像編修與創意書籍。如果在閱讀本書時有任何的問題，歡迎至文淵閣工作室網站或使用電子郵件與我們聯絡。

- 文淵閣工作室網站　http://www.e-happy.com.tw
- 服務電子信箱　e-happy@e-happy.com.tw
- Facebook 粉絲團　http://www.facebook.com/ehappytw

總　監　製：鄧君如　　　　責任編輯：黃郁菁
監　　　督：鄧文淵・李淑玲　　執行編輯：熊文誠・鄧君怡・李昕儒

學習指引
STUDY GUIDE

設備與環境

本書 Part 03 ~ Part 05 主要以 "手機" 搭配 "TikTok"、"YouTube"、"Instagram"
App 操作，畫面以 iOS 系統為主，Android 系統操作幾乎相同，差異部分會
以括弧說明，例如：點選 (或 ▧)。

Part 06 ~ Part 07 主要以電腦瀏覽器操作為主，部分需以手機操作。

取得行動裝置軟體與本書素材

開始學習本書各式技巧前，請確認手機處於 "連接網路" 環境下，成功安裝並
登入本書所提及的三大社群平台 App。如果尚未安裝，請依以下說明進行：

  用 "tiktok" 關鍵字搜尋並安裝應用程
式，或是掃描右側 QR Code 安裝，
完成後點選 **開啟** 並登入。

iOS   Android

  用 "YouTube" 關鍵字搜尋並安裝應
用程式，或是掃描右側 QR Code 安
裝，完成後點選 **開啟** 並登入。

iOS   Android

  用 "instagram" 關鍵字搜尋並安裝應
用程式，或是掃描右側 QR Code 安
裝，完成後點選 **開啟** 並登入。

iOS   Android

本書 <Part03> ～ <Part06> 素材與影音教學影片請至下列網址下載：

http://books.gotop.com.tw/DOWNLOAD/ACU086800

單元目錄
CONTENTS

Part 1 短影音紅什麼？

Part
3 TikTok 玩轉短影音創意

Part
5 Instagram Reels 搶攻短影音流量

Part
6 AI 智能影音工具

Part

7　技巧升級不藏私

Part **01**

短影音紅什麼？

日常分享、技巧教學、廣告宣傳或銷售活動無不使用短影音做為網路社群最新的交流方式,新型態的娛樂模式快速在各個網路社群平台間流竄,與不同平台間的特色碰撞出有別於以往的火花,儼然成為一股無法忽視的風潮與流行趨勢。

不可錯過的短影音潮流

短影音帶起的風潮跟流量你跟上了嗎？以短片、便於分享的影音形式呈現，迅速成為現代人的娛樂新型態。

短影音：結合創意與互動的新形式

短影音時間大約 15～90 秒，是結合圖像、影片、聲音和後製特效，並以 9:16 直式比例呈現的一種影片形式，適合在行動裝置上觀看。

簡短、流暢的節奏是短影音最大特色，不僅可以在短時間內有效的傳達訊息，吸引用戶注意，強大的互動性結合社群平台，更能迎合現代人的需求和習慣。

短影音特色

■ **方便隨時觀看**：智慧型手機是結合現代人工作、生活、娛樂的必需品，同時也是短影音內容的主要觀看設備。通常短影音幾十秒就能看完，非常適合通勤、吃飯、短暫休息...等零碎時間瀏覽。

■ **快速傳遞重點**：短影音節奏明快，簡單扼要、生動活潑的內容，並能精準呈現主題特色，讓觀眾不需要花費太多時間，就能在重點式傳達中快速吸收有效訊息。

■ **成本低好入門**：對影音創作者來說，由於短影音的類型多元且具娛樂性質，因此容易創建，只要使用簡單的智慧型手機就可以拍攝、後製影片，創作、上傳沒有身分限制，入門門檻幾乎為零。

■ **結合社群平台**：透過熱門平台：TikTok、Instagram、YouTube...等上傳短影音，內容轉發、留言討論都能製造話題，甚至還可能帶起風潮；縱使是創作新手，也有機會透過平台演算法讓影片被看見，增加流量。

TIP
2

常見的短影音類型

許多品牌或社群經營者陸續都加入短影音行列，根據不同需求與行銷目的，以下整理幾種常見短影音類型。

娛樂型短影音

此類型的短影音，主要提供娛樂或分享生活，像：爆笑短片、MV、各式挑戰...等，目的就是帶來歡樂，讓人放鬆心情。透過此種創作類型，增加關注度，提升好感。

知識或故事型短影音

科學知識、外語學習、電影情節分析、教學影片...等類型的短影音，透過生動有趣的方式說明，提供觀眾實用的生活技能或資訊，藉此提升品牌或個人專業形象。例如：皮膚科醫生將保養小常識拍攝成短影音，不僅幫診所宣傳，提升知名度，也能增加個人與相關產品或品牌合作的機會。

宣傳型短影音

透過活動實況或商品展示、品牌故事、客戶見證、案例研究…等短影音傳達活動訊息，例如：新品上架、特價方案、實體店開幕、電影預告…等。目標通常是短時間內增加一定的曝光度，提升購買率、知名度和話題性，達到品牌推廣和市場影響力。

互動型短影音

觀眾可以直接回應、提問、投票、轉發或上傳拍攝挑戰影片…等短影音，藉由與觀眾的互動加強參與感，引起關注並建立口碑，也能從中獲得最直接、快速的回饋。

幕後花絮型短影音

此類型包含拍攝活動或工作、公眾人物日常、訪問、電影或節目製作…等幕後花絮與精彩片段，觀眾可以從不同視角切入與了解，一方面拉近與觀眾之間的距離，另一方面也對該項活動、人物或品牌…等產生溫度與信賴感。

TIP 3

短影音行銷優勢

隨著社群媒體持續發展，短影音內容相較其他類型的貼文更加吸引人，成為炙手可熱的行銷方式。

透過 UGC 原創行銷擴大影響力

UGC (User-Generated Content) 又稱 "使用者原創內容" 或 "使用生成內容"，指的是由用戶自發產出、創造與品牌或產品相關內容並分享。UGC 包括各種形式，如影片、照片、文章、評論...等，用戶將產品使用後的心得拍攝成短影音上傳到社群平台上。透過真實的消費體驗、觀點和使用回饋，不僅可信度高，像這樣不具任何美化的心得分享更具說服力，也易於創造更大的傳播效益。

國際化發展觸及全球用戶

人類大腦處理視覺訊息的速度非常快，影片與圖像的傳達比文字更容易理解。TikTok、Instagram、YouTube 是目前全球使用者群眾最多的三大短影音平台，影片為主的高娛樂性質短影音能輕易在國際平台間流動、傳播，因此優質的影片內容能吸引更多不同國家的觀眾，開發不同地區的用戶群，增加流量。

結合網紅、**KOL** 升級行銷效益

品牌或產品結合社群平台的網紅、KOL (Key Opinion Leader 關鍵意見領袖) 對粉絲的影響力，不僅可以吸引不同族群的新用戶，粉絲也會因為認同網紅或 KOL 的推薦而有較高的接受度；亦或透過雙方合作所舉辦的活動、優惠...等方式提升互動和購買率，放大行銷效益，進而為品牌或產品快速打響名氣。

社群媒體廣告投放優勢

不同於過往雜誌、電視...等傳統廣告，短影音快速成為數位廣告的新寵兒，越來越多品牌將其選作主要的行銷工具之一，在各大社群平台上，品牌運用短影音行銷的內容無處不在，充分展示了其在市場上的廣泛吸引力和實際影響力。另外，結合現代人網購習慣，在社群平台廣告短片中放上購物連結，也能在捉住觀眾目光的同時，刺激購物。

新品預告快速提升曝光

越來越多品牌看中短影音快、狠、準的特性，用來做為新品預告的行銷方式。因為結合了音樂與影片，不僅視覺衝擊大於靜態圖像，其中的音樂更提升了演算法推薦機率，新品快速獲得曝光，觀眾也會對商家的產品或服務產生強烈的好奇心和深度的關注。

TIP 4 掌握各平台短影音風格及其行銷力

在不同平台上，短影音的呈現風格與特色各異，根據使用習慣、功能需求與行銷目的，選擇適合自己的平台才是關鍵。

短影音平台選擇

TikTok、YouTube、Instagram 是目前全球使用者群眾最多的三大短影音平台，用戶會根據貼文需求或網路社交方式，決定使用的平台；商業品牌經營也會依照各平台用戶的使用情況，制定不同宣傳、行銷策略。

短影音平台特色比較

TikTok、YouTube、和 Instagram 各有其獨特的使用者和內容形式。根據多項調查和統計，以下針對主要族群、影片長度和類型...等方面比較，幫助你判斷哪個平台與目標市場更匹配。

	TikTok	**YouTube**	**Instagram**
短影音	TikTok	Shorts	Reels
主要族群	16 ~ 29 歲	18 ~ 35 歲	24 ~ 44 歲
全球用戶數	15 億人	22 億人	30 億人
臺灣用戶數	520 萬	2000 萬	1087 萬
短影音長度	15 ~ 60 秒，最長可錄製 10 分鐘	最長 60 秒	最長 90 秒
影片類型	趣味、娛樂、互動型...等居多。	旅遊、餐廳、美妝...等為主流。	開箱、探店...等為主流。

TikTok 的動態創意：捕捉年輕族群的心

■ 呈現方式

以短影音為主要的訊息傳遞，替代以往圖文傳達為主流的發文方式。

■ 使用族群

Z 世代年輕人為主要使用族群，使用 TikTok 分享、傳遞娛樂資訊。

■ 短影音風格

多以口語傳達為主，文字影音為輔，拍攝設備與後製簡單。

■ 商業行銷傾向和優勢

導購能力： Z 世代出生在網路消費的時代，非常習慣網路購物，是許多品牌極力開發的族群。TikTok 中有 92% 用戶因為平台上的宣傳而購買商品，許多電商因此更喜歡在 TikTok 上銷售產品，此類型影片需迅速、精準且有力地捕捉觀眾注意，有效激發消費者的購買動機。

廣告低成本： 口頭介紹說明產品是 TikTok 上常見的銷售方式，相較於 Instagram Reels 和 YouTube Shorts，TikTok 短影音不依賴複雜的視覺特效，使得製作成本相對較低。這種簡潔直接的宣傳方式非常適合販售多樣產品的電商使用。

YouTube 的深度與廣度：建立持久影響力

■ 呈現方式

YouTube 是全球規模最大的影音分享平台，以長影音為主，近幾年推出短影音 Shorts。題材廣泛，包括音樂歌曲、美食、美妝、知識、教學、旅遊和健身運動...等。

■ 使用族群

影音涵蓋內容廣泛，使用者年齡分布也較廣，18～35 歲為主要使用族群。

■ 短影音風格

Shorts 建立在 YouTube 大量用戶和海量影片基礎上，用戶可以更輕鬆的利用 Shorts 觸及想要分享與互動的人，相較 TikTok、 Instagram，YouTube 用戶更習慣在 Shorts 上吸收知識、觀看遊戲、3C、評價、教學...等。

■ 商業行銷傾向和優勢

觸及數與多樣性：YouTube 用戶數是三大平台中最龐大的，民眾平均每週使用 YouTube 5.1 天，每天使用 1.7 小時。其中 38% 用戶常透過 YouTube Shorts 觀看影片，品牌透過 Shorts 接觸的對象不僅數量多，同時也展現出更高的多樣性。

短影音到長影音的觀眾引流策略：YouTube 最初以橫向長影音為主要觀看模式，隨著短影音的盛行與推廣，創作者將長影音剪輯成精華片段、預告或花絮...等短影音，用以連結和導引用戶。這種策略有效地吸引用戶點擊並深入觀看整部影片，進而對影片按讚或是訂閱頻道，開啟通知鈴聲。

Instagram 的視覺魅力：強化印象與識別度

■ 呈現方式

以圖像與影片為主的視覺訊息傳達，透過貼文、限時動態和 Reels 吸引用戶，展示內容，提升互動性和參與度。

■ 使用族群

24 ～ 34 歲為主要使用族群，多用來經營品牌或個人視覺形象，也能分享生活；年輕一代喜歡用來跟朋友互動、參加挑戰、關注名人和流行趨勢。

■ 短影音風格

高質量影像以及精美的影音作品，是 Instagram 極具魅力的特色，有別於其他社群平台，Instagram Reels 功能可建立短影音，有著完整的編輯及特效工具，簡潔的介面設計讓影音創作者更容易發揮創意，增強影片的吸引力和互動性，為個人和品牌提供了一個展示創意和擴展影響力的新形式。

■ 商業行銷傾向與優勢

流量優勢： Reels 在 Instagram 曝光度較高且擁有獨立版位，可以擴大觸及範圍與非品牌追蹤者；此外可用他人影片進行二次創作，形成病毒式擴散，創造風潮，藉此加深品牌印象、促使觀眾點擊或追蹤。

多元互動形式： Reels 可以透過 Instagram 的貼文、限時動態、直播或 Facebook 平台分享與串聯，創造高曝光及高流量；同時可透過標註、合作標籤、導購連結...等，鼓勵用戶採取直接行動。

各平台短影音規格限制

TikTok、YouTube Shorts、Instagram Reels 短影音的拍攝和觀看多為直式，在不同平台具有其各自的格式特點和限制。

掌握規格提升品質

掌握短影音平台的格式，不僅可優化行動用戶的觀看體驗與視覺效果，也能更有效地與觀眾互動；影片製作過程中，需留意像素尺寸或檔案大小，不僅可提升影片創作品質，也可避免無法上傳的問題發生。

短影音規格參考表

創作與上傳平台前，務必先了解 TikTok、YouTube Shorts 與 Instagram Reels 每個平台的具體規格要求，確保影片達到畫質最佳，提供優質的觀看體驗和展示效果。

	TikTok	**YouTube Shorts**	**Instagram Reels**
檔案類型	.mp4、.mov	.mp4、.mov	.mp4 、.mov
像素尺寸	1080 x 1920 像素	1080 x 1920 像素	1080 x 1920 像素
最佳寬高比	9：16	9：16	9：16
檔案上限	iOS：287.6 MB、Android：72 MB	500 MB	4 GB
短影音長度	15 秒、60 秒、3 分鐘或 10 分鐘內	最長 60 秒	最長 90 秒

優質的影片內容加上適當的規格，能更有效地吸引用戶的注意，提升互動和參與度。

NOTE

Part **02**

影音創作前的準備

著手影音創作前，完善的事前準備是作品成功的關鍵。無論是
明確目標和主題或是劇本大綱、器材設備...等，這些前置工作
都至關重要，能確保作品在紮實的基礎上，最大限度的提高影
片品質與效果。

影片剪輯流程與概念

TIP 1

影片剪輯將故事、情感和視覺元素巧妙結合，編輯影片前除了做好規劃和準備事項，了解剪輯相關概念也是很重要的。

以下將為你提供「六大步驟」清晰的指南，由構思到後製，一一解析成功製作影片的關鍵環節：

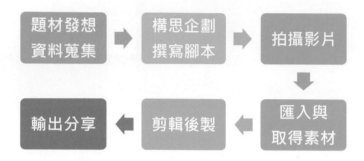

題材發想・資料蒐集

影片的想法、題材多從日常生活而來，時常對特定議題、事件保持關注，投入深度情感和興趣，自然會出現有趣想法，之後構思題材時也不至於陷入靈感低潮，毫無頭緒。

為了讓企劃構思更為詳盡，資料蒐集工作不可或缺，影音資料蒐集方向可從以下三種類型著手：

- 第一類是 **文字資料**，例如：網路、平面媒體報導、書籍...等都是可用的來源，會依題材而有不同的選擇。

- 第二類是 **影像資料**，包括相片、檔案資料片、影片與圖像...等，而類似原始手稿的資料，除了可以作為文字參考素材外，有時也可以直接當做影像素材使用。

- 第三類是 **聲音資料**，影片是聲音與畫面的結合，聲音資料也是很重要的元素，如廣播錄音、原始錄音檔案、歌謠、創作樂曲...等。

構思企劃・撰寫腳本

當資料蒐集完成後,可以依資料內容性質歸類,透過整理後的資料,構思影片製作方向與內容,此時若發現素材不足,則可再次蒐集資料補強以求完備。而腳本是拍攝時重要的參考,一份明確的製作構想或是大綱,即能作為剪輯後製的依據。

拍攝影片

事先瞭解拍攝情節、腳本,有利於主題的拍攝與後續剪輯,可避免有漏網鏡頭而遺憾。拍攝影片時應盡量減少畫面晃動,變焦技巧的運用要得宜,建議使用腳架或穩定器,可以讓畫面更穩定。

匯入與取得素材

完成上述步驟後,接著就是依照腳本內容,將辛苦蒐集而來的素材與拍攝好的影片,儲存至裝置中以利後續編輯。

剪輯後製

當腳本中所需的素材全部準備好,可以透過社群軟體,如:TikTok、YouTube、Instagram...等內建的剪輯工具,或其他剪輯軟體後製,包括修剪、添加字幕、旁白與背景音樂...等,並設計適合的轉場特效,以增強影片的流暢性和吸引力。

匯出分享

製作好的影片,除了上傳至社群、影音平台分享,也可以透過電子郵件、通訊軟體、網站、部落格...等其他分享方式,讓更多人觀看,增加品牌曝光度並促進流量轉化!

TIP 2 撰寫腳本與分鏡表製作

腳本就像是影片內容的文字說明,而分鏡表則是圖像描述,在拍攝過程中,方便理解內容及掌控拍攝方式。

撰寫腳本與順稿

撰寫腳本有幾個好處,首先,在拍攝過程中,可以避免突然詞窮說不出話的尷尬情況;其次在後製影片添加字幕時,可以直接使用打好的腳本文字檔,而不必辛苦的辨識影片聲音輸入文字,即使腳本與影片略有出入,也比從頭開始打字方便許多。

繪製分鏡表與勘景

分鏡表是前置作業裡最重要的部分,畢竟劇本寫得多麼精彩,也只是用文字描述情節。如果要讓團隊中的伙伴了解你想呈現的畫面結構,必須利用分鏡表將想要呈現的內容透過圖像具體化,方便伙伴輕鬆掌控影像畫面的拍攝方向。

分鏡表中可以先列一些基本項目,像是分鏡號碼、畫面說明、動作說明、旁白、時間長度...等,讓拿到分鏡表的伙伴能對此次要拍攝的作品有八、九分認識,剩下細節或是團隊分工的部分,就利用開會討論時分配,並提出合適的拍攝場景及搭配的服裝、道具。

最後拍攝完成的影片素材,要比分鏡表設定的時間長度更長,這樣才有多餘空間可以剪輯出流暢的拍攝畫面。

TIP
3

拍攝短影音時需要的設備

工欲善其事,必先利其器。除了手機、攝影機、相機...等主要裝置,透過其他輔助工具,都可以讓拍攝過程更加順暢。

手機或數位相機

近幾年的手機要拍攝 720P、1080P 的影片都不算難事,有些較高階的機種甚至可以拍 2K、4K 影片,但是影片品質越高檔案愈大,會佔用更多記憶體空間,所以要注意記憶體容量是否足夠。

另外,像是中高階的數位相機或運動型攝影機,由於鏡頭的設計不同或是可更換特性,拍攝品質會優於手機,如果想提升短影片的質感,入手一款中高階的數位相機是一個不錯的選擇,不過由於短影片是直式影片,拍攝過程中需注意畫面內容的尺寸比例。

三腳架、三軸穩定器

影片拍攝時建議使用腳架輔助,可以維持畫面穩定,還能避免一再重新調整拍攝角度與遠近造成的畫面偏差。如果是戶外走動時的拍攝,若設備本身並無防震或動態追蹤功能,建議使用三軸穩定器增加畫面穩定度,讓影片更加完美。

自拍棒

自拍棒也稱作自拍神器，只要將手機固定在自拍棒的一端，桿子延伸後可以自行調整角度，拍到視野更廣的景色；多人合照也可以自己搞定不必再找人幫忙。有些自拍棒還具有藍牙控制器，可控制拍攝的時間點，使用上也更便利。

打光用燈具

若在室內家居或是辦公室進行拍攝，由於室內燈一般都設置於頭頂，拍攝時容易造成 "頂有光，面無光" 的狀況，可考慮安排一盞前置燈源，使其置於攝影對象正前方。這樣可以有效突出拍攝對象的面部特徵，達到專業的拍攝效果。常見的幾種光源例如：手持式小型持續燈、光棒形持續燈，以及手機夾具環型燈。

若在戶外拍攝，自然光當然是最好的光源，但如果剛好是拿手機拍攝又遇上天氣不好，光源不佳時，可以使用夾在手機上的行動打光器具，多少可以彌補光源不足的問題。

行動電源

行動電源是攝影過程中的重要輔助設備，能有效延長攝影設備的使用時間，保證拍攝順利進行。其便攜性和多功能性使其成為戶外拍攝的理想選擇，同時提供穩定可靠的電源，確保影片拍攝過程中不受電力不足的困擾。

無論是長時間拍攝還是在缺乏電源的環境中
工作，行動電源都能提供可靠的支援，為攝
影帶來更多便利和靈活性。

外接式麥克風

雖然數位相機、攝影機與手機都可以直接收錄聲音，但如果裝置架設的位置
離你或被採訪者有點遠，可能會影響收音品質，使用外接麥克風就可解決這
樣的問題。另外，如果購買的麥克風是沒有保護罩或是防風罩，最好要加購
防噴罩，麥克風防噴罩可以防止說話時口水噴到麥克風，還可以防止說話時
的氣體直接衝擊麥克風導致 "噗噗" 的噪音，讓收音品質更佳。

防水袋、防水外殼

如果去海邊、溪邊，或類似的親水場所
時，防水設備也必定不可少，這類型的
產品相當多，購買前需先了解尺寸是否
合乎設備大小，另外防護等級也是要注
意的重點之一，有些等級只有防潑水狀
態，有些則能到達水下一公尺深。

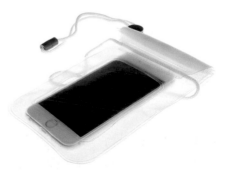

保護殼及手腕帶

手機保護殼的種類繁多，有單純皮套式或是塑膠殼，也有類似下圖的多功能防護套，可變換成立架也可外接鏡頭、閃光燈...等，只不過像這類型的保護殼單價都不便宜，可以依個人需求購置，另外，保護殼如果可以加裝手腕帶，建議添購一條，手拿拍攝時不僅可輔助並穩定握持，也較不易掉落。

乾淨的背景或是素色布幕背景

拍攝影片時，佈置一個充滿個人風格的背景主題，像是書房書櫃背景、一片乾淨的牆壁或是擺設自己喜愛的公仔與海報，還有設計立體名字的牆面或購買各式背景布。總而言之，背景也是影片中很重要的元素，要有特色但別太花俏，希望觀眾目光還是能多多停留在你分享的內容上。

TIP 4 拍攝前先了解專業攝影術語

手機拍攝不像數位相機那麼複雜，但有些基本常識或術語都相通，透過以下整理，幫助你認識拍攝中經常遇到的專業術語！

光圈：控制鏡頭進光量

光圈好比是相機的瞳孔，用來控制鏡頭的進光量，通常以 F 值表示。行動裝置的相機光圈值 (F) 一般來說都是固定的，但會因應不同的品牌與設計而有所差異，目前一般行動裝置光圈值介於 F1.8 ~ F2.4。

光圈的數值與大小成反比，光圈值越小 (光圈越大) = 背景越模糊 (又稱景深效果)；相對的，光圈值越大 (光圈越小) = 背景越清楚，所以光圈 F1.8 比 F2.4 拍出來的背景會更模糊。

光圈越大，進光量越多，在拍攝夜景、室內或光線不足的景色時，比較容易拍清楚，也容易造成景深效果。

光圈值大 = 光圈小，背景清楚主題清楚的相片。　光圈值小 = 光圈大，背景模糊主題更為明顯的相片。

像素：影像中的細小單元

數位圖檔是由一小格一小格的色塊組成，這一小格的色塊就稱為 "像素"，一般行動裝置的相機像素約為 500 ~ 2300 萬像素左右。

行動裝置前置鏡頭通常像素較小，方便傳輸畫面，常使用於視訊通話；相對的，主鏡頭 (後置鏡頭) 像素較大，拍攝效果也會比較好。

像素的大小在使用電腦觀看或將影像沖洗成大尺寸的相片時就可看出絕對的差異，像素的數值愈高，觀看時較不容易產生一格一格的感覺，影像的色彩及線條都會較細緻。

像素足夠，畫面較為細緻。　　像素不夠，畫面會有一格一格的感覺。

自動對焦：自動尋找清晰焦點

將鏡頭對準要拍攝的景物，再於裝置畫面上點一下主角或主題項目，就是 "對焦" 的動作。裝置多數都有自動對焦與同時測光的功能，但對焦的點不同就會有不同效果，有時候也可配合環境或構圖的需求指定對焦與測光點，讓想表達的主題更明顯呈現。

指定對焦及測光位置後，對焦的主題會更清晰，離主題距離較遠的物品影像就會模糊。測光的位置如果光線太亮，為了讓該處擁有合適的光線，自動測光後會降低整張相片的亮度；相對的，測光的位置如果光線太暗，自動測光後會提升整張相片的亮度。

如果對焦點指定於在前方的小猴子,小猴子的影像就會清楚,後方的罐子就會模糊。

如果對焦點指定於後方的罐子,罐子的影像就會清楚,前方的小猴子就會模糊,也因為後方較暗,所以測光後整體光線就會變亮,整張相片看起來就會更為明亮。

HDR:擴展影像的動態範圍

HDR 是 High-Dynamic Range (高動態範圍) 的縮寫,是一種影像處理技術,這裡的動態指的是光線的亮與暗。

於一般模式下拍照或攝影時,如果拍攝場景光線對比過大,相片容易變成亮處一片白或陰影處一團黑,以致看不出其中的細節。但是當相機開啟 HDR 模式以高動態範圍處理,拍出來的作品亮度過高或是過低的部分,都可以呈現更多細節。

當環境光線明暗差異較大,例如在逆光時開啟 HDR 模式,就能同時保留亮部和暗部的細節。但要注意的是,HDR 模式下拍攝會降低人物或景物立體感,所以要配合現場環境適時使用。

開啟 HDR,相片中較暗的部分就看的比較清楚。

沒有開啟 HDR,相片中光線對比較高,有些較暗的部分就看不清楚。

防手震：減少晃動造成的模糊

較新的裝置均具備防手震功能，一般預設就會開啟，而有些行動裝置則是以 "光學影像穩定功能" 的名稱來代表防手震功能。

沒有防手震功能的裝置，在光線較暗或是風大的地點拍攝時，可能拍出模糊不清的影片；如果有防手震功能，就可以較不受環境干擾，輕鬆拍出清晰的影片。

開啟防手震功能，比較容易拍出清楚的影片。

影片影格

有些裝置可以選擇拍攝的規格為 **每秒 30 影格 (fps)** 或 **每秒 60 影格 (fps)**，指的是影片拍攝中每秒出現的畫面數，**每秒 30 影格 (fps)** 表示這部影片每秒出現 30 個畫面，每秒出現的畫面數愈多，影片就會愈流暢，但相對的影片檔案也就愈大。

由於裝置記憶體空間有限，建議除非特殊需求，一般使用每秒 30 影格的規格，已經足夠。

影片拍攝畫質

錄影的規格標示 1080p、720p、4K，分別代表什麼意思？

目前裝置具備可錄影規格大都有 **1080p HD**，畫面解析度為 1920 × 1080 (或 1080 × 1920)，多數裝置拍攝影片的長寬比例為 16：9 (橫式) 或 9：16 (直式)，可以於 HD 高畫質電視或螢幕上直接播放，較不會有畫質不足或影片動作不連貫的問題。若裝置的可錄影規格為 **720p**，畫面解析度則為 1280 × 720 (或 720 × 1280)，影片就比 1080p 的畫面要小。

最新的裝置可以錄 **4K** 規格的影片，這就表示拍攝出的影片解析度達到 4000 像素 × 2000 像素以上，可以於 4K 電視或螢幕上直接播放，以播放影片畫面大小來說約為 1080p 的四倍左右。

720p   1080p

4K

直式與橫式影片的差異

TIP 5

短影音中，不同的題材都有各自不同的呈現方式，該選擇何種拍攝方式也是一門重要的學習。

雖然短影音大都是直式呈現，但還是會以橫式比例來呈現短影音內容，以下是在短影音中常見的幾種影片比例：

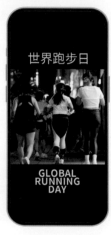

9:16 直式　　　　　　　　16:9 橫式　　　　　　　　1:1 正方形

- 直式 (9:16) 影片適合手機直立觀看，其縱向延伸的視覺效果使得畫面充分填滿整個短影音畫面。缺點在於畫面較窄，因此無法容納太多資訊，觀眾長時間觀看下可能會感到疲乏。

- 橫式 (16:9) 影片能呈現廣闊的視野，也較符合人類觀看影片的習慣，除了可以上傳至常規平台，也可以剪成直式影片上傳，缺點就是裁剪成直式影片時，可能會有部分內容被裁切或顯示不全，若要原比例於短影音畫面上觀看，尺寸就會小很多。

- 正方形 (1:1) 影片則是介於二者間，既能顯示較多的影片內容，畫面的尺寸也不會顯得太小，不過上下的空白區域一樣要搭配文字或是圖案。

要使用何種尺寸可依影片內容選擇，舉例來說：像是跳舞的短影音，如果在室內拍攝，由於人數多，加上受限於室內空間，可能選擇橫式的拍攝方法才能取得更多畫面。

TIP 6 構圖是提升影片視覺的第一步

拍攝短影音時，可以透過構圖，有效安排畫面中的元素，呈現層次分明的效果，吸引觀眾的注意力並突顯產品或服務的特色。

拍攝畫面的拉遠拉近

建構畫面前，要先思考拍攝的主題，以寺廟為例，建議構圖中要包含較多場景元素：如人物、建築整體形狀、周遭景色...等，以呈現整個建築的特色。這樣的構圖較能完整呈現風俗民情與時間、空間；如果想要拍攝特寫，可以把畫面拉近或是離拍攝物近一些，只拍出特定的元素，就能強調重點，表達出特定物體的細節與特性。

較廣的畫面　　　　　　　　　　　　　較近的畫面

井字黃金構圖

學習攝影的過程中，會聽到很多構圖方法，剛開始練習的時候可以試著改變主角位置，試試看哪一種構圖比較適合，並盡可能避免將主題擺於畫面正中央，或是太偏的位置。

所謂的 "井字" 構圖法又稱 "黃金" 構圖法，可以先將畫面假想分割成九宮格，呈現井字型，將拍攝的主題擺在井字的任一交會點上，藉此達到畫面的平衡。這種構圖法只是拍攝時的參考，了解規則後，也可以打破規則，加入自己的想法與創意，讓影片更具空間感、比例感。

簡化構圖

除了使用一般的構圖，"簡化構圖" 也是拍攝上必須注意的事，如果背景有太多其他因素干擾，例如：路人、電線桿...等，非常容易模糊拍攝的主題，所以一般情況下，構圖愈簡單愈能清楚的傳達拍攝的主題。

框架構圖

拍攝的過程中可以多利用身邊的景物，例如：牆壁上的缺口、欄桿的縫隙、樹枝、草叢...等，表現出有如相框一般的效果，這樣的安排會讓影片的表達更具有故事性。

中心構圖

不了解該怎麼突顯主題時，把主體放在畫面正中央是最平穩的做法，也是一般新手在拍攝時最常採用的方式。中心的景物，不僅成為觀眾注意的焦點，週遭如果沒有雜物分散注意力，也更能聚焦畫面主體。

對稱構圖

將畫面一分為二,二邊互為鏡像的感覺,這樣的構圖講究的是合諧感與美學平衡,基本分為橫對稱與縱對稱,這二種構圖方法最常見,另外利用反射的倒影形成對稱也別具美感。

線條構圖

線條構圖可分為實體與無形二大類,前者是實體線條的表現,畫面中一眼就可以看出直線、曲線...等,後者則是無形線條構圖,它會利用光影或是色彩差異形成透視概念上的線條形狀,此種構圖方式能引導視覺並製造通透感。

線條斜角構圖

拍攝街道、水流、馬路、建築...等主題的時候，可以利用線條的延伸感，讓觀眾也能融入影片情境，像右側畫面是利用構圖上的透視線，引導觀看者目光向前延伸。

下方畫面則是利用斜角構圖增加空間感和深度，建築似乎能延伸到影片畫面外，引發更多想像空間。

留白構圖

留白是一種藝術！雖然將多元素拍進畫面中可以豐富內容，但以空白的區域來襯托主角，反而能讓觀眾對主體所處空間有無限想像，巧妙和溫柔地引導視線，更能突顯主體。

TIP 7 掌握影片的光線與色彩

光線是攝影最重要的元素之一，巧妙捕捉光線變化可以營造不同的空間感與深度，也會影響整個畫面拍攝的色彩呈現。

順光拍攝

攝影時，光線會從四面八方進入，除了自然光會依著太陽方向改變以外，還有人工光線，像是日光燈、檯燈…等，拍攝前要先看清楚光線的方向，建議讓裝置順著光線的方向，使被拍攝的人或物面對光源，這樣就是順光。

裝置在光源與景物之間

順光的優點是可以拍攝出清楚的影像，被拍攝的景物上較不會出現陰影，人物主題看起來會較明亮。光線充足時，也比較不容易產生手震晃動而拍攝失敗的情況，但若光線太強會讓影像顯得比較平淡、無立體感。

側光拍攝

以鏡頭對準拍攝物時，光線來源在拍攝物的左右兩側，即是所謂的側光；使用側光能幫相片影片增加不同的氛圍。

裝置在光源側面

拍攝的人或物體會有明顯的亮、暗對比，並同時產生陰影，讓主題更有立體感。至於側光多寡與角度可依主題的不同來加減移動。

逆光拍攝

相較於順光拍攝，讓裝置面對著光源，則被拍攝的人或物背對光源，那就是逆光，容易使主題景物比背景暗而不清楚。

裝置正對著光源

常見大家一到風景區拿出裝置和設備就拍，忘了考量環境光線來源，這樣就容易拍出主題過暗、不清楚的相片、影片。在逆光的情況下想要將主題拍攝清楚，可以使用閃光燈補光或是換個順光、側光的位置拍攝。

當背景太亮，如何補光都拍不好主題時，可以藉由逆光攝影特性來拍攝人物或物體剪影，藉此突顯背景的光影，像是夕陽、藍天白雲...等都很適合，如果前景的剪影也另有故事性，像朋友、情侶、家人或是雕像、建築物...等，都可以為相片、影片再增添氛圍。

讓逆光的人或物拍得更清楚

有時候碰上逆光，拍起來變成大黑臉，可以利用以下方法來正確測光或補光，讓人物及景物一樣清楚：

■ **指定測光**：如果裝置有自動偵測調整整體亮暗的功能，可以將鏡頭對準要拍攝的的景物，再於畫面上用手指點一下中等光線 (不過暗或過亮) 的部分，這樣可以保持景色亮部及暗部細節，若整體仍偏暗，之後再利用軟體微調即可。

■ **以內建閃光燈補光**：如果裝置內建有閃光燈，設定開啟閃光燈，就可以直接於拍攝的同時補光，讓暗部不會過暗。

如果離拍攝物太遠或是閃光燈光線不足，就沒有辦法用此方法補光。而如果離拍攝物太近，閃光燈直接打在物體上反而會讓物體的光線、色彩都不自然。

未用閃光燈

使用閃光燈

■ **以外來光源補光**：如果無法使用內建閃光燈補光時，在拍攝的地點可以利用其他光源，如路燈、室內的檯燈，或者也可以請其他人開啟裝置的燈光來幫忙補光。

■ **開啟 HDR 功能，平衡光線對比**：如果拍攝物太遠無法使用閃光燈，或是亮暗對比較小的時候，也可以開啟 HDR 功能拍攝，稍微平衡整個場景的亮暗對比。

利用影子豐富畫面

一般的拍攝情況下，有光就有影子，影子的位置如果擺對了，也能為相片、影片營造不同的氛圍，例如下面構圖，櫻花的影子映在白牆上，好像多了一張水墨畫在畫面中。

不同的光線下，影子的形態和角度會有所不同，可以透過調整攝影裝置的角度和拍攝時間，捕捉到更具有藝術感和動態感的影子效果。

不同色調呈現不同感受

有些裝置在拍攝時可以直接套用濾鏡，讓影片片的色調更具特色，然而適合人物、美食、風景...等場景的色調不盡相同，不同色調呈現出來的感覺也不一樣，可以多試試不同的色調，改變氛圍。

舉例來說，偏紅色的濾鏡會有較溫暖的感覺。

原來的顏色　　　　　　　　紅色暖色調

偏藍色的濾鏡會有
較冷或涼快的感
覺。黑白色調有復
古氛圍，也可以突
顯相片中的線條。

藍色冷色調

黑白色調

避免玻璃反光

在車上、飛機上、火車上想要拍窗外的景色，或是想拍攝魚缸裡可愛的寵物
魚，常礙於玻璃反射，很難拍攝，不妨試試以下方法避免玻璃反光：

■ 將裝置的鏡頭儘量貼近玻璃，甚至直接貼在玻璃上，可以避掉光線所產生
的反光，但如果在速度較快的車上、或晃動大的飛機上...等較不平穩的場
合，就不適合使用這個方法，因為容易撞到玻璃而傷害裝置。

■ 儘量關閉或避開強烈光線，例如：燈管、燈炮或陽光，或是把窗簾拉上，
將環境變暗，就能有效隔絕光線干擾。

■ 將裝置的鏡頭和玻璃都擦乾淨，因為油污會
增加反射及遮蔽，儘量使用細柔的布或是面
紙清潔才不會傷害鏡頭。

■ 如果要拍攝的景物較遠，也可以直接指定遠
處的景物對焦，可以略過較不明顯的反光。

■ 將反光影像融入拍攝中，有時候反射的影像
是自己或是旅行相關的景物，適當的將影像
融入也可以增加整體氛圍。

圖書館門口讀書的女孩映在玻璃
上，增加整體的故事性。

拍出清晰的影像

想要拍攝清晰的影像，除了保持鏡頭清潔外，還要準確對焦，提供足夠的光線，並適當使用防手震功能，以確保影像的穩定性。

- **指定對焦點**：多數裝置可以指定對焦點，將鏡頭對準要拍攝的景物，再以手指點一下畫面中要拍攝的主體，確認主體的影像清晰再拍攝，可以提高拍攝的成功率。

- **清潔設備**：將裝置的鏡頭擦乾淨，因為髒污會增加反射及遮蔽，使用細柔的布或是面紙清潔才不會傷害鏡頭。

- **增加光線**：可以在要拍攝的場景中增加燈光或閃光燈，能夠增加整體亮度，不僅使影像更加清晰，也可以提高拍攝成功的機率。

- **開啟防手震功能**：有些裝置內建防手震，可以減少些微影像晃動情況。

- **利用三角架週遭的倚靠物**：拍攝時如果手容易晃動，可以使用三角架設備支撐或靠在身邊的桌子、椅子或是柵欄上，但倚靠前先確認是否穩固安全。

戶外拍攝的時候，容易被風或光線影響，導致影像模糊，在尋找倚靠物或調整位置時，必須格外小心確保安全。

掌握短影音各類型拍攝手法

TIP **8**

不同題材的短影音有不同的拍攝目標,想完美呈現內容,需要事前掌握腳本、拍攝重點、地點或設備...等方向與細節。

短影音涵蓋了各種常見題材,這些題材在拍攝手法和腳本設計上有許多需要注意的細節,當妥善應對所有細節時,就能製作出極為出色的短影音作品。

拍攝令人垂涎的美食影片

■ 拍攝目標

美食類短影音的主要目標是透過生動的影像和引人入勝的描述,展示食物的美味和吸引力;影片需捕捉到食物的色彩、質地和賞心悅目的外觀,進而激發觀眾的食慾。同時,影片還可以包含食譜、烹飪技巧或食材故事,以啟發和吸引觀眾。

■ 腳本重點

拍攝美食類短影音時,構圖的重要性不言而喻,能夠營造出適合的氛圍和情感。可以參考攝影書籍或美食雜誌,依據食物類型選擇合適的構圖,設計分鏡圖。

■ 前置作業

餐廳或店面的拍攝是很好的宣傳地點,但是需要特別注意光線、拍攝角度和畫面構圖。無法自己製造光線、擔心拍攝會影響其他客人的用餐體驗時,可以事前調查,選擇人少的時間點,在燈泡下方或陽光充足的窗邊錄製影片。

■ 影片後製

使用具有調色功能的軟體調整影片、照片色彩,增強食物色澤、立體感、對比度、局部細節...等,讓美食能更完美的呈現。

拍攝精緻吸睛的美妝影片

■ 拍攝目標

分享五花八門的妝容風格以及化妝步驟是常見的短影音主題，拍攝目標是突顯妝容細節、產品挑選技巧以及美妝保養品的質地...等，吸引觀眾關注，提升其對美妝產品的興趣。

■ 腳本重點

美妝主題著重於清楚的化妝步驟和產品特色呈現，簡化影片繁複的化妝步驟時，也要注意不要過度刪除教學細節，需要在簡潔吸睛的同時，清楚傳達細節與重點。

若需突顯妝容持久性，錄製時可展示手機日期時間，同時說明當天天氣狀況與即將參與的活動，讓觀眾更能了解妝容在各種情況下的表現；另外也可在影片開頭提及最後有商品優惠或抽獎...等觀眾福利，提高完播率。

■ 前置作業

美妝主題大都採室內拍攝，光線充足是保證影片畫質的關鍵。足夠的光源，妝容細節才能清晰展現。燈光顏色盡量採用白光，以保持妝效和顏色的真實呈現；建議使用多個光源有助於消除臉部陰影，確保妝容清晰可見。

■ 影片後製

影片的整體色調對妝容呈現至關重要，後製過程中需要特別注意顏色的處理。如果相機拍攝的色調與預期不符，可以在後製階段使用軟體進行顏色調整，使影片中的色彩更貼近現實。

拍攝引人入勝的宣傳預告、知識影片

■ 拍攝目標

拍攝引人入勝的宣傳預告和知識影片的主要目的，是吸引目標觀眾，激發他們的好奇心和興趣，進而引導他們深入了解產品、服務或主題。

宣傳預告需要突出品牌形象，以迅速留下深刻印象。而知識影片著重於內容價值和傳遞專業準確的訊息，以解答觀眾的疑問增加品牌或主題的信任度，吸引觀眾的關注。

■ 腳本重點

腳本需清晰明確地傳達核心訊息和目標，確保觀眾能了解影片的主題和內容。藉由設計引人入勝的情節和故事結構，吸引觀眾的注意力並引發情感共鳴；運用適當的語言和調性，讓腳本充滿魅力和說服力。最後記得控制影片節奏和時間，確保內容緊湊、生動，讓觀眾感到興致盎然並期待影片的發布。

■ 前置作業

影片中，講者的專業形象至關重要。穿著整潔、表現自信、擁有豐富知識和良好溝通技巧是關鍵，若有主持人或搭檔，將使內容更加生動。場景宜考慮品牌形象和目標觀眾，建議選擇明亮的辦公室或專業工作室，並搭配良好照明和背景提升質感。戶外場景則應整潔乾淨，以突顯專業形象。

■ 影片後製

可透過特效營造氛圍，傳達完整的視覺形象。建議加入數據、市場圖表、圖卡…等元素，以快速且有力地傳達訊息，增加說服力和提升觀眾的信任感。對於以描述為主的影片，也可以添加字幕，以提升觀眾的理解度。

拍攝生動有趣的旅遊影片

■ 拍攝目標

日常風格的旅遊和觀光宣傳為主的短影音，都是常見的類型，目標多是提供觀眾旅遊去處，使影片被收藏、轉發。因此掌握旅遊趨勢、熱門景點、旅遊的花費、當地特色...等，可以增加影片的點擊率。

■ 腳本重點

包括目的地介紹、行程規劃、旅遊體驗、風景拍攝、互動與分享以及記錄重點時刻...等。透過清晰介紹，展示行程安排和真實旅遊體驗，讓觀眾也能深入了解並感受旅程魅力。同時捕捉美麗風景、與當地居民互動，以及安排一些新奇的秘境、隱世之所...等獨特性，吸引觀眾的關注和共鳴。

■ 前置作業

光線：旅遊影片通常在室外拍攝，拍攝時間或天氣會影響光線變化，如需製造特別的影片氛圍，需要事先調查環境，方便捕捉鏡頭。

地點：在熱門的觀光景點拍攝，需要事先調查場地，以確保取得較佳的位置和角度。這樣可以避免拍攝到不需要的景物或被路人干擾。

收音：在人聲嘈雜的環境，想要有好的收音效果，可以外接指向型的收音設備 (如：槍型麥克風)，或是加裝麥克風防風罩來降低環境音所造成的影響。

■ 影片後製

旅遊景點遊客很多，若環境音太過喧鬧，可用剪輯工具設定影片靜音或調整音量，達到更好的影片呈現效果。

Part **03**

TikTok 玩轉短影音創意

本章主要介紹 TikTok 短影音的製作流程，從基本認識、介面導覽、使用範本快速建立、利用錄影或相簿創作，到音樂、濾鏡、特效、貼圖、文字...等運用，最後搭配編輯工具微調影片細節，即使是初學者，也能快速了解影片製作方式，讓 TikTok 影片更加出色！

初探 TikTok

TIP 1

TikTok 介面操作簡單，用戶可以透過簡潔、快節奏的影音快速獲取資訊，而豐富多樣化的影音內容也提高了平台的黏著度。

認識 TikTok

TikTok 是一個流行的社交媒體平台，主要以短影音分享和觀看為特色。允許用戶錄影、編輯和分享長度為 15 秒至 10 分鐘的影片，通常包括音樂、舞蹈、喜劇、挑戰...等各種內容。同時集結了全球性的用戶群，融合了來自各個國家和地區的文化和趨勢，於平台上呈現豐富多樣的內容。

透過 TikTok，成為全球上千萬用戶中的一員，分享你的才華和創意，與世界各地的人互動，探索無限可能。

成長趨勢

TikTok 身為短影音的核心社群媒體，擁有龐大的用戶基礎，2023 年，全球總下載量達 10 億次，而在台灣同樣深受歡迎，使用人數也在 2024 年 1 月達到 560 萬，並且以 1.65% 的成長率持續攀升。

TikTok 台灣用戶以年輕族群為主，男性喜歡觀看幽默風趣、運動、遊戲和科技...等類型影片，而女性則偏愛觀看美妝、美髮、美食和旅遊...等類型影片，其中女性用戶的比例略高於男性用戶。

台灣男女用戶在使用習慣上的差異，反映 TikTok 平台的多元性與豐富內容，也因此涵蓋不同年齡與興趣的用戶，進而吸引數百萬用戶使用。

新手必看！TikTok 建置流程

開始製作 TikTok 短影音前，針對範本、錄影或相簿三種方式，
整理相關影片建立流程，建立操作前的基本概念。

利用範本建立短影音流程

透過範本預留的素材數量與預設秒數，方便套用現有的影片或照片素材，快
速製作短影音並發布到網路上。

利用錄影建立短影音流程

透過直接錄影產生需要的影片素材，之後藉由音樂、濾鏡、特效、貼圖、文
字...等元素的加入，豐富影片內容，並利用編輯工具微調影片整體效果，最
後建立封面與發布。

利用相簿建立短影音流程

透過相簿上傳需要的影片或照片素材，利用 **快速剪片** 自動識別並套用範
本、特效、音樂與剪輯合適片段，之後再調整音樂、濾鏡、特效，加入貼
圖、文字...等元素，豐富影片內容，並利用編輯工具微調影片整體效果，最
後建立封面與發布。

認識 TikTok 瀏覽介面

TIP 3

以行動裝置使用為出發點的 TikTok，透過全螢幕瀏覽模式滑動或點選，瀏覽不同創作者的影片或進行互動。

開啟 TikTok App 預設會進入 **首頁**，畫面中間上下滑動可切換正在瀏覽的影片；點選上方項目可切換 **關注中** (顯示目前關注的創作者影片) 與 **為您推薦** (顯示 TikTok 覺得你有興趣的影片) 畫面。

畫面圖示，下方由左到右，右側由上而下，功能分別為：

⌂ **首頁**：TikTok 主畫面，一開始看到的影片會是系統推薦，之後再因應使用者喜好推薦。

👥 **好友**：新增或邀請好友，方便查看對方發布的內容。

➕ ：新增與創作影片。

💬 **收信夾**：查看粉絲互動、活動或系統通知。

👤 **個人資料**：檢視和編輯個人簡介、資料。

👤 **個人資料**：可進入創作者的個人資料畫面，除了可以看到該創作者的更多影片，如果喜歡也可以點選 **關注**，持續追蹤。

♡ **愛心**：喜歡的影片點選愛心，為影片 "點讚"。

💬 **評論**：可以瀏覽大家的評論或進行評論。

🔖 **我的珍藏**：想珍藏的影片點選 🔖 呈 🔖，表示已珍藏影片。(再點選一次即取消珍藏；另有 "珍藏集" 可分類整理)

↪ **分享到**：和其他人分享影片。

使用範本快速上手

TIP **4**

選擇一個喜歡的範本,替換成自己的素材,幾分鐘內就能輕鬆
創作出擁有音樂、轉場或特效的 TikTok 影片!

STEP **1**

點選 ➕\ **範本**,畫面中間向左或向右滑動,可預覽範本套用效果與可
運用的素材數量,確定後點選 **上傳照片**。

STEP **2**

進入相簿選取畫面,下方可看到該範本預留的素材數量與預設秒數。
點選影片或照片右上角 ➕,依序加入 (呈 ✅ 狀) 至預設數量 (點選 ❌
可移除),點選 **下一步** (沒有達到數量無法點選)。

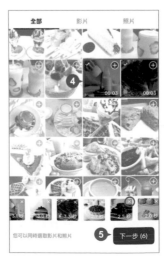

STEP 3 預覽套用範本後呈現的影片效果，點選 **下一步**，最後完成說明、封面、發布權限…等設定後，點選 **發佈** 即完成。

小提示

進入影片或照片個別畫面方便選取

在相簿選取畫面，如果縮圖看不清楚，可以直接在影片或照片上點選進入個別畫面，左右滑動可瀏覽前後素材，點選 ➕ 選取，完成全部素材加入後，點選 **下一步**。

小提示

關於文字、貼圖、特效…使用與發布設定

此 Tip 主要說明透過範本快速產生 TikTok 影片，過程中設計音樂、貼圖、特效、文字…等操作可參考 P3-13~P3-23；發布設定可參考 P3-29。

利用錄影或相簿直接創作

TikTok 提供內建相機直接錄影，或上傳手機內的影片及照片的多種創作方式。

直接錄影

點選 ⊕ 進入 **發佈** 模式，點選製作的影片長度，切換前或後置鏡頭，再點選畫面右側功能，例如 **閃光燈、計時器、濾鏡**...等，打造需要的影片效果。

點選要對焦的位置，再點選 ⚫ 開始錄影，過程中可點選 ⏹ 暫停錄影，若再次點選 ⚫ 則繼續錄製下一個片段 (每個片段會在該鈕外圈紅色進度環以白色線段區隔)；點選 ⊗ 可以刪除上一個片段，依相同操作完成錄製後，點選 ☑。

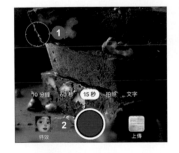  

預覽影片內容與音樂 (系統會自動搭配或可自行調整)，點選 **下一步**，最後完成說明、封面、發布權限...等設定後，再點選 **發佈** 即可。

─ 小提示 ─

錄影前套用輔助工具

利用 TikTok 錄影時，畫面右側提供以下功能：

- ✳️ **閃光燈**：點選 ✳️ 呈 ⚡，可開啟閃光燈，再次點選可關閉。

- 🕐 **計時器**：錄影前先設定倒數時間 (**3s**、**10s**)，再拖曳出欲錄製的時間長度 (最多為 15s、60s 或 600s)，然後點選 **開始倒數計時**，即會在倒數結束後自動錄製影片，並於指定的錄製時間長度停止。

- 🎨 **濾鏡**：提供 **肖像照片**、**風景**、**美食**...等類型濾鏡調整色調和光線。

- ⏱️ **速度**：設定影片速度，1x 為標準速度；0.3x、0.5x 會變成慢動作影片；2x、3x 則會加快影片速度。

- 😊 **美顏**：**美顏** 可針對 **光滑**、**瘦臉**、**眼睛**...等，選擇套用不同程度的美化效果；**美妝** 則提供六款妝容套用。

錄影前套使用特效添加有趣或華麗元素

錄製影片前，畫面左下角點選 **特效**，提供多款類型，點選時可透過畫面預覽；再點選上方畫面任意位置，可返回 **發佈** 模式並加入特效一起錄製。

喜歡的特效可點選
🔖 新增至 🔖 方便
之後尋找。

使用相簿素材

 點選 ⊞ 進入 **發佈** 模式，接著點選 **上傳** 進入相簿，設定要使用的項目 (若要多選可先核選 **選取多項**)。

 點選影片或照片右上角 ◯，依序加入 (呈 ① 狀；數字會依選取數量遞增) 合適素材 (於下方縮圖點選右上角 ⊠ 可移除)，點選 **下一步**。

STEP 3 預覽影片內容與音樂 (系統會自動搭配也可自行調整)，點選 **下一步**，最後完成說明、封面、發布權限...等設定後，再點選 **發佈** 即可。

小提示

進入影片或照片個別畫面方便選取

在相簿選取畫面，如果縮圖看不清楚，可以直接在影片或照片上點選進入個別畫面，左右滑動可瀏覽前後素材，點選 ⬤ 可選取 (會呈 **已選取** 與顯示選取數量)，完成全部素材加入後點選 **下一步**。

小提示

關於文字、貼圖、特效...使用與發布設定

此 Tip 主要說明透過錄影與相簿快速產生 TikTok 影片，過程中設計音樂、貼圖、特效、文字...等操作可參考 P3-13~P3-23；發布設定可參考 P3-29。

TIP 6 一鍵自動剪片！範本、音樂一步到位

TikTok **自動剪片** 可根據選取的影片、照片內容，自動識別並套用範本、特效、音樂與剪輯合適片段，讓短影音一鍵產生。

STEP 1 點選 ➕ 進入 **發佈** 模式，點選想要製作的影片長度，接著點選 **上傳** 進入相簿。

STEP 2 設定要使用的照片、影片 (若要多選可先核選 **選取多項**)，依序加入合適影片或照片 (於下方縮圖點選右上角 ✕ 可移除)，點選 **自動剪片** (安卓系統無此功能)，等待系統處理。

STEP 3 完成處理後預覽影片內容 (系統會自動剪輯並搭配合適範本與音樂)，點選 **下一步**，最後完成說明、封面、發布權限...等設定後，點選 **發佈** 即可。

小提示

變更自動剪片的預設範本

想更換 **自動剪片** 套用的範本，可在編輯畫面點選 ▶ 進入 **變更範本** 畫面，於下方左右滑動點選範本套用預覽，確定後點選 **儲存** 即完成範本變更。(安卓系統雖無 **自動剪片**，一樣可在素材加入後於編輯畫面點選 ▶ 套用範本)

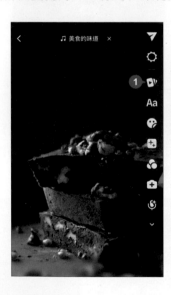

小提示

關於文字、貼圖、特效...使用與發布設定

此 Tip 主要說明透過 **自動剪片** 快速產生 TikTok 影片，過程中設計音樂、特效、貼圖、文字...等操作可參考 P3-13~P3-23；發布設定可參考 P3-29。

音樂讓影片層次更升級

合適的音樂,能夠營造影片氣氛與質感,觀賞者情緒、視覺與聽覺達到共鳴時,不僅增加停留時間,更促使互動點讚、分享。

新增音樂

音樂可以在二種狀態下加入,一是錄影時需配合音樂運鏡時,可以進入 **發佈** 模式,點選想要製作的影片長度,點選 **新增音樂** 進入音樂庫;二是完成錄製、相簿上傳或套用範本後,於編輯畫面上方 (或下方) 點選音樂功能進入音樂庫。

於音樂庫,**推薦** 標籤中整理許多音樂項目,可直接點選試聽並套用;或點選 🔍,利用搜尋列輸入關鍵字尋找,點選試聽,點選 ☑ 即會顯示至 **推薦** 標籤清單中並套用;完成音樂套用後,於編輯畫面點一下關閉清單。

將音樂加入珍藏

喜歡某首音樂想要收藏時：於音樂庫，音樂項目右側點選 🔖 呈 🔖 完成收藏，日後想要使用，可點選 **我的珍藏** 快速找到並套用。(點選 🔖 呈 🔖 表示取消收藏該音效)

變更音量

想控制影片中多種來源聲音的大小聲：於音樂庫，可點選 **音量**，針對 **原聲** 或 **配樂** 左右滑動調整音量，點選 **完成**。(**原聲** 為錄影或上傳的影片音量，如果錄影前即加入音樂，則無 **原聲** 音量可調整。)

 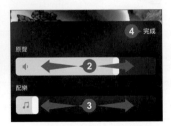

調整播放區段

想要調整一首音樂欲播放的區段：於音樂庫，音樂項目右側可點選 ✂️，音軌上方會標註目前選取的時間長度 (例如：**已選取 8 秒**)，及開始播放時間點 / 整首時間長度 (例如：**00:00 / 02:50**)；往左滑動調整音樂開始時間點後，點選 **完成**。

濾鏡一秒讓影片擁有藝術與美感

TikTok 內建多款濾鏡,透過調色,影片美感和視覺效果馬上獲得提升!

濾鏡可以在二種狀態下套用,一是錄影時希望為畫面調色,可以進入 **發佈** 模式,點選想要製作的影片長度,點選 ;二是完成錄製、相簿上傳或套用範本後,於編輯畫面點選 。

於濾鏡庫,提供 **肖象照片**、**風景**、**美食** 與 **氣氛** 四種濾鏡類型與效果清單,點選即可套用,並可藉由上方滑桿左右拖曳調整強度,最後於編輯畫面點一下關閉清單。

增強視覺的創意特效

TikTok 豐富多樣的特效，為短影音增添創意與趣味性 (部分特效會覆蓋已套用的濾鏡，可依最後想呈現的效果選擇)。

新增單一或多個特效

STEP 1 完成錄影、相簿上傳或套用範本後，於編輯畫面點選 ，特效庫包括 **熱門**、**New**、**濾鏡特效**...等類型，點選即套用，於時間軸拖曳特效片段左右二側 ⟨、⟩ 設定開始與結束時間點，調整起迄時間。

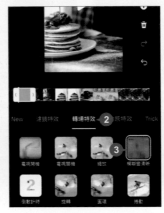

STEP 2 為影片加入第二個以上的特效：先拖曳時間軸指標線至第二個特效開始時間點，再點選欲套用特效，依相同操作指定開始與結束時間點，調整此特效起迄時間。

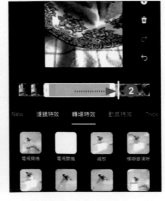

最後將時間軸指標線移到時間軸起始處，點選 ▶ 預覽影片播放效果，確認沒問題後，點選 **儲存**，回到編輯畫面。

調整、刪除、復原與取消復原特效

 已完成套用並儲存的特效，如果想重新調整，可於影片編輯畫面點選 ⊡ ，即可看到已加入的特效。

 於時間軸選取已套用的特效，點選 🗑 可刪除；點選 ↶ **復原** 可還原，或 ↷ **取消復原** 取消還原，回復之前操作。

貼圖、表情符號讓影片變有趣

TIP 10

短影音內容想要繽紛可愛,絕對要善用貼圖或 GIF 動畫,從文青、手繪、可愛圖案、藝術手寫字到日系風格...等通通都有!

新增貼圖或表情符號

STEP 1

完成錄影、相簿上傳或套用範本後,於編輯畫面點選 😊,提供 **貼圖**、**表情符號** 項目 (**貼圖** 依據 🌑 推薦、① 文字、🖤 心情...等分類整理),上下滑動可瀏覽,點選即加入。

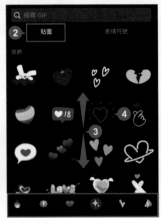
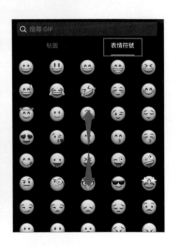

STEP 2

若點選上方搜尋列,輸入關鍵字後,出現相關貼圖或 GIF 動畫,找到合適貼圖點選即加入。

貼圖可以點住拖曳移動位置,或透過手指捏合左右旋轉角度、縮放調整顯示比例;如要刪除貼圖可拖曳至畫面上方 🗑,放開即可。

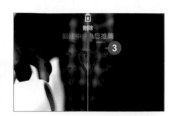

設定貼圖持續時間

貼圖預設會持續顯示到影片結束,以下將利用 **設定持續時間**,根據影片內容,調整貼圖出現的時間點與時間長度。

 點選貼圖 \ **設定持續時間**,於時間軸拖曳片段左右二側 ⟨ 、 ⟩ 設定開始與結束時間點,調整此貼圖出現的起迄時間。

 最後將時間軸指標線移到時間軸起始處,點選 ▶ 預覽影片播放效果,確認沒問題後,點選 ✅。

豐富影片的文字效果

TIP 11

TikTok 內建的 **文字** 功能，提供各種樣式、對齊方式、字型與
顏色...等設定，輕鬆為影片建立字幕、標題。

新增文字與調整樣式

STEP 1　完成錄影、相簿上傳或套用範本後，於編輯畫面點選 進入文字編輯
畫面，點選 **A** 變更文字樣式 (重複點選可切換為 **A**、**A**、**A**、**A**)、
點選 **≡** 變更對齊方式 (重複點選可切換為 **≡**、**≡**、**≡**)、還可指定字型
(**標準、手寫**...) 與顏色。

STEP 2　完成文字輸入與樣式設定後，點選 **完成**。如果要插入第二組文字，
只要再於編輯畫面點選 並依相同操作完成即可。

STEP 3　設計於影片或照片上的文字，可以點住文
字拖曳移動位置，或透過手指捏合左右旋
轉角度、縮放調整顯示比例；如要刪除文
字可拖曳至上方 中，放開即可。

再次編輯文字

文字如果想修改文字內容、樣式、顏色...等,可於編輯畫面點選文字 \ **編輯**,即可再次進入文字編輯畫面。

設定文字持續時間

文字預設會顯示到影片結束,以下將利用 **設定持續時間**,根據影片內容調整文字出現的時間點。

 點選文字 \ **設定持續時間**,於時間軸拖曳片段左右二側 ⟨ 、⟩ 設定開始與結束時間點,調整此文字出現的起迄時間。

 最後將時間軸指標線移到時間軸起始處,點選 ▶ 預覽影片播放效果,確認沒問題後,點選 ✓。

語音將旁白轉換成多種趣味效果

TikTok **語音** 功能可以在錄製旁白後，利用多種趣味音效，如：
電話、花栗鼠...等進行音調變化。

錄製旁白

STEP 1 完成錄影、相簿上傳或套用範本後，於編輯畫面點選 🕙，點選 **錄製**，左右滑動到想要錄製的影片時間點，點選 🎤 開始錄音。

STEP 2 過程中可點選 ⏹ 暫停，若再次點選 🎤 則會繼續錄製下一段旁白，結束錄製可點選 **完成**。之後透過清單點選合適音效套用，藉此改變音調，點選 **清除 (或 Clear)** 可取消套用恢復原音，確認後點選 **儲存**。

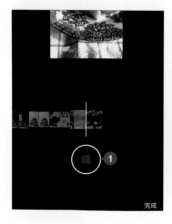
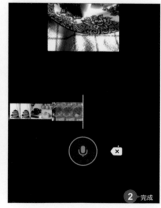
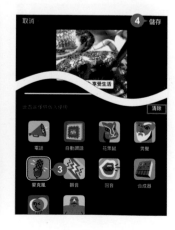

查看或刪除旁白

已建立的旁白，可於編輯畫面先點選 ，再點選 **查看錄音** 進入錄製畫面，影片片段上呈淺藍色片段即為旁白；若點選 ⊗，則會刪除旁白。(若旁白是分成多個區段錄製，則會先刪除最後錄製的區段。)

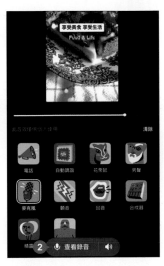

變更音量

想變更控制旁白在影片中的音量，可於編輯畫面先點選 ，再點選 🔊，針對 **原聲**、**旁白** 或 **背景音樂** 左右滑動調整至合適音量後，點選 ▶ 預覽影片播放效果，確認沒問題後點選 **儲存**。

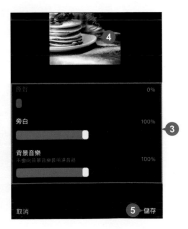

進階剪輯技巧讓影片更出色

TIP 13

完成影片、音樂、濾鏡、特效...等佈置,可透過 **編輯** 功能,精準調整每個細節,打造出完美的 TikTok 作品。

調整影片起迄時間與分割

STEP 1

完成錄影、相簿上傳或套用範本後,於編輯畫面點選 ▯,詳細編輯畫面上方可預覽影片內容,下方時間軸包含影片軌、音軌與各式元素,時間軸可透過手指捏合縮放顯示比例;點選 ▯ 可隱藏下方時間軸與工具列展開影片全畫面。(欲返回詳細編輯畫面可點選 ◁)

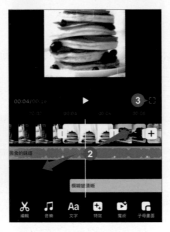

STEP 2

點選影片片段,拖曳影片片段左右二側 ◁、▷ 設定開始與結束時間點,調整起迄時間;點選 ▯▯ 可依時間軸指標線所在時間點將影片分割為二個片段;點選 🗑 可刪除目前選取的影片片段。(欲返回詳細編輯畫面可點選 ⌄)

編輯音樂

於詳細編輯畫面，點選音軌，可針對音樂片段調整或更換音樂，想移除則點選 。

若有多個音樂片段，先點選要編輯的片段，點選 ▣ 調整片段起迄點以及左右滑動到合適的音樂區段，再點選 **儲存**；想變更音樂，點選 🔄 重新選擇音樂。(欲返回詳細編輯畫面可點選 ▾)

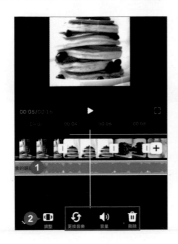

編輯特效、文字

STEP 1 於詳細編輯畫面，點選特效片段，若有多個特效片段，再點選要編輯的片段可調整起迄時間；點選 🔄 或 ▣ 可變更或複製特效；點選 🗑 可刪除該特效片段。(欲返回詳細編輯畫面可點選 ▾ 或 ✕)

STEP **2** 於詳細編輯畫面，點選文字片段，若有多個文字片段，再點選要編輯的片段可調整起迄時間；點選 ✏ 或 ⧉ 可編輯或複製文字；點選 🗑 可刪除該文字片段。(欲返回編輯畫面可點選 ⌄)

調整影片前後順序

於詳細編輯畫面，點住要移動的片段不放，往左或右拖曳至合適位置後放開。

新增更多影片或照片素材

於詳細編輯畫面，將時間軸指標線移至要新增片段的時間點，點選 ➕ 透過相簿新增片段，完成新增後，因影片時間長度變長，須適時調整下方各元素的開始或結束時間點。(欲返回詳細編輯畫面可點選 ⌄)

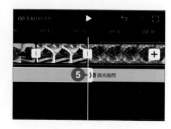

套用轉場

轉場可以在影片片段切換時，讓畫面呈現更加緊密與流暢。於詳細編輯畫面，影片片段間點選 Ⅰ，清單中點選欲套用的轉場效果套用，然後點選 ✕ 返回。(點選 **全部套用** 所有影片片段間即會套用該轉場效果)

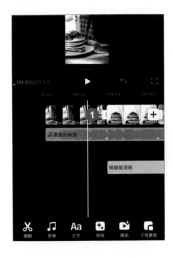  

預覽影片完整度

 於詳細編輯畫面，完成前述相關編輯與調整，選按上方播放鈕預覽整部影片是否如預期呈現，例如：影片片段前後順序、各元素片段播放時間點或音量... 等狀況都需確認。

 最後點選 **下一步**，結束詳細編輯畫面，準備發布；或點選 ❮ 返回編輯畫面，繼續其他操作。

儲存與編輯草稿

無論想預先建立 TikTok 影片稍後發布,或影片編輯到一半有事需儲存,都可以利用 **草稿** 功能,方便後續繼續編輯與發布。

儲存草稿

尚未完成編輯的短影音,可先儲存之後再繼續編輯,於 **發佈** 畫面點選 **草稿** 進行暫存。

編輯與刪除草稿

點選 👤 **個人資料** \ ⬛ (此標籤為草稿、貼文與限時動態存放位置),草稿縮圖左上角會顯示 **草稿:(**)** (數字代表目前草稿數量),點選即進入清單畫面,點選欲編輯的草稿項目即可進入該編輯畫面。

於清單畫面先點選 **選取**,點選影片縮圖右上角 ⬤ 呈 ☑,個別選取或點選 **全部選取** 選取全部草稿,再點選 **刪除(**)** (數字代表已選取的草稿數量) 即可刪除。

編輯封面與發布

影片完成後,透過封面建立與發布設定,為影片創造曝光機會,觸及更多粉絲。

指定封面:點選 **編輯封面**,左右滑動選取影片中某一畫面設定為封面;再於下方點選合適的樣式新增封面文字,輸入文字與拖曳移動位置, 最後點選 **儲存**。

新增說明文字與發布:最後輸入影片說明文字,分別點選 **所有人都可以查看此發佈內容** 及 **更多選項** 設定 **隱私設定、允許發表評論、允許合拍**...等。

STEP 3 最後點選 **分享到** 右側的社群平台圖示，再點選 **發佈**，即會發布至 TikTok (如有設定分享到其他社群平台也會同時發布)。

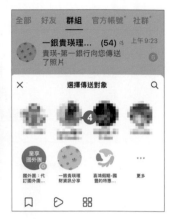

TIP 16 分享及儲存已發布的影片

已發布的影片，可以透過連結分享到社群平台或通訊軟體，也可以下載到手機，再直接分享。

點選 👤 **個人資料** \ 🎛️，開啟要分享或儲存的影片，點選 ⋯ \ 🔗 **複製連結** 或社群、通訊軟體...等可分享；點選 **儲存影片** 可下載至裝置 (會有浮水印)。

Part **04**

YouTube Shorts 短影音浪潮

YouTube Shorts 可直接錄影、剪輯、修圖、上傳發布短影音;透過有效的技巧與推廣,不僅可以帶動 YouTube 頻道的整體流量,還可以拉近與觀眾的距離,提高點擊率,協助頻道成長。

初探 YouTube Shorts

YouTube Shorts 可以直接錄影、上傳影片、分享及觀看短片，是一個吸引年輕用戶和增強互動性的新途徑。

認識 YouTube Shorts

YouTube Shorts 是 YouTube 推出的短影音平台，提供 15 ~ 60 秒的 9:16 直立式影片，用戶可以在手機上觀看，也可以透過電腦版 YouTube 瀏覽；同時也可以開啟手機直接創作，無論你想帶動潮流、參加舞蹈挑戰或實現搞笑創意，都可以在這裡盡情發揮。

成長趨勢

2020 年 YouTube Shorts 推出以來，至今累積瀏覽量已超過 10 兆次，YouTube 官方也在 2021 年 7 月開放台灣地區短影音功能。YouTube 作為全球最大的影音平台，有超過 22 億月活躍用戶，台灣在 2023 年更成長至 2020 萬用戶，雖然上線僅兩年，平均每日觀看次數已經高達 500 億，有效觀看數更停留超過 30 秒。

平台優勢

YouTube 是影音平台的霸主，擁有大量用戶，其中活躍年齡層主要在 18~35 歲族群，甚至 2/3 用戶都有觀看短影音的習慣。利用 YouTube Shorts，作為引導觀眾深入長片的媒介，快速吸引眼球，擴大曝光。觀眾被短片吸引後，自然點擊觀看更多內容，進一步了解品牌或產品。短片到長片的無縫連接，增強觀眾互動，轉化為忠實粉絲。

新手必看！Shorts 建置流程

開始製作 Shorts 短影音前，針對錄影和相簿二種方式，整理相關影片製作流程，建立操作前的基本概念。

利用錄影建立短影音流程

錄影前先設定好濾鏡、亮度...等功能，接著錄影產生素材、剪輯影片後，加入音樂、濾鏡、文字...等元素，豐富影片內容，並調整音量，最後建立封面與發布。

上傳影片 P4-7　→　剪輯片段 P4-9　→　新增音樂、濾鏡、文字、問答貼紙... P4-10~P4-18　→　調整音量 P4-19　→　編輯封面與發布 P4-22

利用相簿建立短影音流程

透過相簿上傳需要的影片素材、剪輯影片後，加入音樂、濾鏡、文字...等元素，豐富影片內容，並調整音量，最後建立封面與發布。

上傳影片 P4-7　→　剪輯片段 P4-9　→　新增音樂、濾鏡、文字、問答貼紙... P4-10~P4-18　→　調整音量 P4-19　→　編輯封面與發布 P4-22

認識 YouTube Shorts 瀏覽介面

YouTube 手機畫面的 Shorts 分類，點選即可進入全螢幕瀏覽模式，透過滑動或點選，瀏覽不同創作者的影片或進行互動。

開啟 YouTube App 預設會進入 **首頁**，於畫面下方點選 ✪ 進入YouTube Shorts 瀏覽畫面，上下滑動可切換正在瀏覽的影片；覺得不錯的影片，則可以透過點讚、留言、分享或訂閱...等互動。

畫面圖示，下方由左到右，右側由上而下，功能分別為：

⌂ **首頁**：YouTube 主畫面，系統會依使用者喜好推薦影片及 Shorts。

✪ **Shorts**：YouTube Shorts 主畫面，系統會依使用者喜好推薦，於畫面由下往上滑就可以觀看下一部影片。

⊕：新增與創作影片內容。

▣ **訂閱內容**：已訂閱的頻道及其更新影片。

◎ **你的內容**：**切換帳戶、瀏覽頻道、觀看記錄、播放清單、你的影片、你的電影、已觀看時間...等帳號相關設定、影片及數據。**

⬆ **喜歡**：點選表達喜歡此影片。

⬇ **不喜歡**：點選表達不喜歡此影片。

▤ **留言**：點選可以發表留言，或是觀看、回覆其他人的留言。

➡ **分享**：可以直接分享到其他社群平台，像是 Facebook 動態消息或 Messenger、Gmail、LINE...等，也可以點選 **複製連結** 分享。

⟳ **Remix**：重新以此影片剪輯或混合音效，製作自己的影片作品。

TIP 4

利用錄影或相簿直接創作

無論要向觀眾表達想法，或是想製作搞笑影片與好友同樂，只要拿起手機發揮創意，就能輕鬆成為焦點！

直接錄影

STEP 1

點選 ⊕ 進入 **Shorts** 模式，於畫面右上角點選影片長度為 15 或 60 秒，再點選畫面右側 ⌄ 展開所有項目，套用要使用的功能，例如：**切換鏡頭、速度、特效**...，打造需要的錄影效果。

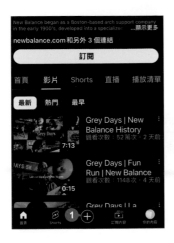

STEP 2

點選要對焦的位置，再點選 ⬤ 開始錄影，過程中可點選 ◼ 暫停錄影，若再次點選 ⬤ 則繼續錄製下一個片段；點選 ↩ 可以刪除上一個片段 (每個片段會在畫面上方透過紅色粗線標註並以白色線段區隔)，依相同操作完成錄製後，點選 ✓。

 STEP 3 預覽影片，點選 **下一步**，最後完成說明、封面、發布權限...等設定後，再點選 **上傳 Shorts** 即可。

小提示

關於文字、貼圖、特效...使用與發布設定

過程中設計音樂、特效、文字...等操作可參考 P4-10~P4-19 說明；發布設定可參考 P4-22 說明。

小提示

錄影前套用輔助工具

利用 Shorts 錄影時，畫面右側提供以下功能：

- 🔄 **切換鏡頭**：切換相機的前置、後置鏡頭。
- ⏱ **計時器**：先設定倒數時間 (3 秒、10 秒、20 秒)，再拖曳出要錄製的時間 (最多為 15 秒、60 秒)，接著點選 **開始**，就會在倒數結束後開始錄製影片，並於指定時間停止。

  計時器 ✕
  倒數計時
  1 3秒　　10秒　　20秒
  拖曳即可變停止錄製的時間點
  0 秒　　　　　　　　　　15 秒
  　　　　　　　　　　　　2
  3 開始

- 🕐 **速度**：設定影片速度，原速為標準速度；0.3 倍、0.5 倍會變成慢動作影片；2 倍、3 倍會加快影片速度。
- ✨ **特效**：從清單中挑選套用，改變 **外觀**、**特效鏡頭** 或 **背景**。

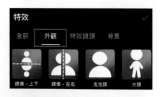 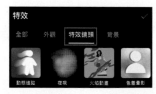 

- 🧑 **綠幕**：錄製時去背保留主角，並可選相簿中的照片、影片做為背景。
- 🪄 **潤飾**：開啟或關閉美肌效果。
- 🧬 **濾鏡**：清單中挑選效果改變風格。
- ☀ **亮度**：開啟或關閉亮度調整，開啟時在較暗環境可自動調整影片亮度。
- ⚡ **閃光燈**：開啟或關閉手機閃光燈。

使用相簿素材

除了以手機錄製影片，也可以從手機圖庫、相簿選擇要使用的素材上傳。

點選 ⊕ 進入 **Shorts** 模式，於畫面右上角點選影片長度為 15 或 60 秒，左下角點選相簿，再點選要上傳的影片。

拖曳影片片段左右二側 Ⅰ 設定開始與結束時間點，調整起迄時間；拖曳時間軸指標線可指定影片播放點，結束點選 **完成**。重覆相同步驟可繼續上傳多個片段，點選 ↰ 可刪除上一個片段，完成後點選 ✓。

STEP 3 預覽影片內容點選 **下一步**，最後完成封面、標題...等設定後，點選 **上傳 Shorts**，待 YouTube 處理後即完成。

小提示

關於文字、貼圖、特效...使用與發布設定

過程中設計音樂、特效、文字...等操作可參考 P4-10~P4-19 說明；發布設定可參考 P4-22 說明。

小提示

查看已上傳的 Shorts

點選 **你的內容 \ 你的影片 \ Shorts**，可以在下方清單中看到目前上傳進度，與已上傳完成的 Shorts 影片，只要點選該影片就可以開啟觀看，觀看畫面中點選帳號名稱右側的 **數據分析** 可查看相關數據與分析。

調整影片起迄時間

精確調整影片起迄時間，剪輯精華片段，提升影片吸引力，讓每一秒都精彩。

完成錄影或相簿上傳後，於編輯畫面右側點選  進入詳細編輯畫面，點選欲調整的影片縮圖，拖曳影片片段左右二側 ，設定開始與結束時間點，調整起迄時間；拖曳時間軸指標線可指定影片開始播放點 (需暫停影片)，結束點選 **完成**。

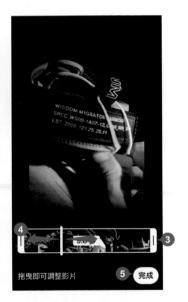

小提示

已錄製的旁白會受到剪輯影響

如果影片已錄製旁白，在影片剪輯後旁白可能會受影響，所以需先完成影片剪輯再錄製旁白。

音效讓影片層次更升級

TIP 6

合適的音效能營造影片氣氛與質感,透過 YouTube 提供的音效,提升整體觀看體驗。

新增音效

STEP 1

音效可以在二種狀態下加入,一是錄影時需配合音效運鏡時,可以進入 **Shorts** 模式,點選想要製作的影片長度,點選 **新增音效** 進入音效庫;二是完成錄影或相簿上傳後,於畫面上方點選 **新增音效**。

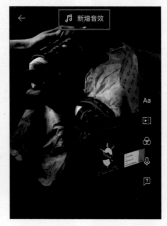

STEP 2

於 **音效** 畫面 **瀏覽** 標籤整理了 **推薦、熱門音效**...等清單,點選可試聽,再點選右側 → 可套用;或點選搜尋列,輸入關鍵字尋找,一樣可試聽與套用。

調整音效播放區段

音效套用後,於編輯畫面上方點選音效名稱進入音效編輯畫面,往左滑動調整音樂欲播放的區段後,點選 **完成**。

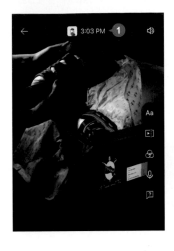

變更或刪除已套用音效

音效套用後,可點選上方音效名稱,進入音效編輯畫面後再次點選上方音效名稱,即可重新選擇與套用;若點選音效名稱右側 🗑 可刪除此音效,結束點選 **完成**。

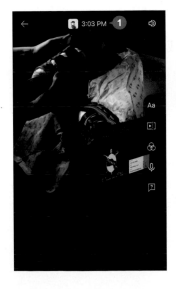

儲存或取消儲存音效

常用或喜歡的音效，可以收藏到 **已儲存** 方便下次使用。

於 **音效** 畫面，點選音效右側 🔖 呈 🔖，表示已儲存該音效，之後點選 **已儲存** 標籤可以看到儲存的音效。

於 **音效** 畫面，**瀏覽** 或 **已儲存** 標籤，點選要取消儲存的音效右側 🔖 呈 🔖，表示取消儲存該音效。

豐富影片的文字效果

短影音中加入文字，可以提升信息傳達的清晰度和吸引力，為觀眾增強記憶點。

加入文字與調整樣式

完成錄影、相簿上傳後，於編輯畫面點選 **Aa** 進入文字編輯畫面。

輸入文字後，點選 **A** 變更文字樣式 (重複點選可切換為 **A**、**A**、**A**)、點選 **≡** 變更對齊方式 (重複點選可切換為 **≡**、**≡**、**≡**)、還可指定字型 **(打字機、網路迷因、趣味、細體、典雅、YouTube Sans、粗體、手寫)** 與顏色，點住右側 (或左側) 滑桿上下拖曳可放大、縮小文字。設定後點選 **完成**。

如果要插入第二組文字，只要再重覆相同操作即可。

STEP 3 設計於影片的文字，可以點住文字拖曳移動位置，或透過手指捏合左右旋轉角度、縮放調整顯示比例；如要刪除文字可拖曳至上方 🗑 中，放開即可。

開啟文字編輯畫面重新調整

文字如果想修改文字內容、樣式、顏色...等，可於編輯畫面點選文字 \ **編輯**，即可再次進入文字編輯畫面。

調整文字出現的時間點與長度

TIP **8**

文字預設會持續顯示到影片結束，這時可以利用 **時間軸** 或 **時間點** 功能，調整文字出現的時間點與時間長度。

新增文字後，於編輯畫面點選 **時間軸**，或點選文字 \ **時間點**，於下方時間軸點選要調整的文字片段，拖曳左右二側 **｜** 設定開始與結束時間點，調整文字的起迄時間。

點住時間軸的文字片段上下拖曳，可以調整文字前後位置 (上排的文字片段會覆蓋下排的文字片段)，結束點選 **完成**。

─ 小提示 ─

於時間軸新增文字

於 **時間軸** 編輯畫面中，點選上方 Aa，可進入文字的編輯畫面，新增文字。

TIP 9　濾鏡一秒讓影片擁有藝術與美感

YouTube 提供多種不同風格、顏色的濾鏡效果，透過適當調色，讓影片更有質感、更專業。

濾鏡可以在二種狀態下套用，一是 **Shorts** 模式下點選 🔘；二是完成錄影或相簿上傳後，於編輯畫面點選 🔘。

於畫面下方左右滑動可瀏覽濾鏡效果，點選即套用，並於上方看到套用效果；點選 🚫 可取消濾鏡套用，若完成套用可點選 ✓。

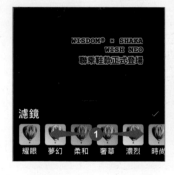

小提示

畫面上左右滑動直接套用濾鏡

除了透過點選 🔘 套用濾鏡，也可以在編輯畫面上左右滑動，直接套用不同的濾鏡效果。

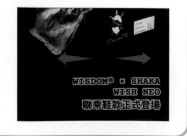

旁白解說影片

透過旁白的說明，幫助觀眾更清楚與瞭解影片的進展與內容，觸及並打動他們。

STEP 1 完成錄影或相簿上傳後，於編輯畫面右側點選 🎤，於時間軸左右滑動，待時間軸指標移到要錄製旁白的影片區段，點選 ⬤ 開始錄音，完成後點選 ⬛ 結束錄音。

STEP 2 重覆相同步驟可錄製多個片段，點選 ↩ 可以刪除上一個錄製片段；點選 ↪ 可以回復上一個刪除片段，完成後點選 ✕。

┌─ 小提示 ─

編修已錄製的旁白

於編輯畫面右側點選 🎤，會再次進入旁白編輯畫面，可依上方說明方式刪除旁白或再錄製。

問答貼紙與觀眾互動

問答式的互動活動，不僅可以吸引觀眾注意力，輸入的答案也會顯示為留言，做為了解觀眾想法的依據。

STEP 1 完成錄影或相簿上傳後，於編輯畫面右側點選 ，輸入問題，再於下方點選合適顏色，接著點選 **完成**。

 STEP 2 於畫面中點住問答貼紙拖曳可變更位置；用手指捏合縮放至合適大小。

─ 小提示 ─

刪除問答貼紙

點住問答貼紙往下移動，畫面下方會出現 ，將問答貼紙移到圖示上呈 ，放開就會刪除。

配置各聲音來源的音量

TIP **12**

當影片中同時擁有音效、旁白,很容易與影片原有的聲音相互干擾,這時可以調整各種聲音的音量比例。

STEP **1** 完成錄影或相簿上傳,並加入旁白及音效後,於編輯畫面右上角點選 🔊 (或 🎛️)。

STEP **2** 依據影片中的聲音來源,提供 **原始音效** (或 **你的音效**;為錄影或上傳的影片音量)、音效曲目與 **旁白** 三個項目,點住滑桿左右拖曳可調整各項目音量大小聲,調整至 0%,圖示會呈 🔇、🔇、🔇,表示已靜音,完成後點選 ✕。

小提示

🔊 功能找不到?

若只有錄影或上傳的影片,編輯畫面上並不會顯示 🔊,需要加入 **音效** 或 **旁白** 後,才會顯示 🔊 並能調整音量。

儲存與編輯草稿

TIP
13

影片錄製或編輯到一半需要離開忙別的事,可以將現階段的進度儲存為草稿,方便之後繼續編輯。

錄影或上傳影片後儲存為草稿

在錄影或上傳影片後要儲存草稿,可於畫面左上角點選 ✕ \ **儲存為草稿** (或 **儲存並結束**),即可儲存目前已完成的部分。

編輯到一半儲存為草稿

在編輯畫面新增音效、旁白...等元素後或編輯到一半,可以於畫面右下角點選 **下一步**,再於 **新增詳細資料** 畫面下方點選 **儲存草稿**,即可儲存目前已編輯的影片進度。

開啟草稿

要開啟已儲存的草稿可以在 **Shorts** 模式錄影畫面右下角，點選 📄，於 **草稿** 畫面點選要開啟的草稿即可繼續編輯。(待下次進入 **Shorts** 模式編輯時，若出現繼續處理草稿或重新編輯訊息，可依狀況點選 **重新開始** 或 **繼續**。)

刪除草稿

於 **草稿** 畫面欲刪除的草稿右側點選 ⋮ \ **刪除** 就會移除該草稿。

小提示

應用程式突然中斷 Shorts 可以繼續編輯？

編輯到一半可能因為沒電或是其他因素導致 YouTube App 關閉，再次進入 **Shorts** 模式編輯時會出現詢問訊息，點選 **繼續** 會開啟之前進行的影片進度；點選 **重新開始** 開啟新的 Shorts 畫面。

> **要繼續處理影片草稿嗎？**
>
> 如果重新開始，系統會儲存草稿並開始錄製新的 Shorts。
>
> 重新開始　繼續

編輯封面與發布

TIP 14

發布前為影片選擇封面,搭配說明文字及權限設定,提升影片吸引力與訂閱率。

指定封面

完成編輯後,於畫面下方點選 **下一步**,**新增詳細資料** 畫面點選封面,畫面下方左右滑動選擇合適的封面圖片,最後點選 **完成** 即可變更影片封面。

輸入標題與設定瀏覽權限

於 **標題** 欄位可輸入影片的說明文字與標籤 (Tags);影片 **瀏覽權限** 預設為 **公開**,如果想更改可以點選 **瀏覽權限**,再於 **設定瀏覽權限** 畫面選擇適合的權限對象,設定完成後點選 〈 回到上一頁。

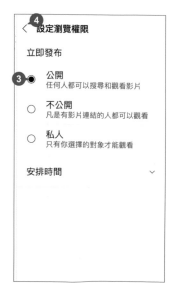

設定影片發布時間

點選 **瀏覽權限**，於 **設定瀏覽權限** 畫面點選 **安排時間**，設定 **發布為公開影片** 的時間，完成後點選 ⟨ 回到上一頁。(依設定時間發布的影片皆為公開影片)

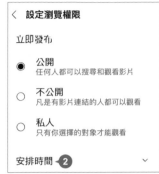

其他設定與上傳 Shorts

依影片性質完成下方其他設定，點選 **上傳 Shorts** 可以將製作完成的影片上傳，若有排程時間，則會依時間點發布影片。

■ **地點**：用搜尋方式找到並標示所在位置。

■ **選擇目標觀眾**：標示影片是否為兒童專屬內容。

■ **相關影片**：可加上相關影片連結，引導觀眾前往其他 YouTube 內容。(需完成一次性驗證才能使用)

■ **允許重混影片和音訊**：選擇是否讓其他人使用這個影片內容及音訊製作 Shorts，使用重混內容製作的 Shorts 會連結至原創者的作品。

■ **留言**：設定此影片是否允許觀眾留言。

TIP 15 編輯及刪除已上傳的影片

已完成上傳的影片如果有需要修改,可以在 **你的影片** 清單中找到並即時修改或刪除。

編輯已上傳的影片

於 YouTube App 點選 **你的內容 \ 你的影片**,畫面中點選 **Shorts** 標籤,再於下方要編輯的影片右側點選 ⋮ **\ 編輯**。

於 **編輯詳細資料** (或 **編輯影片**) 畫面可以修改標題、**瀏覽權限**、**選擇目標觀眾**、**加入播放清單**、**新增標記**...等項目,但無法修改短影音封面,全部修改完成以後,點選畫面右上角 **儲存**。

刪除已上傳的影片

於 **你的影片** 畫面中點選影片右側 ⋮ **\ 刪除**,於出現的訊息中點選 **刪除** 即可移除已上傳的影片。

TIP 16 分享及下載已上傳的影片

完成的影片,可以透過連結分享到其他社群平台或通訊軟體,
也可以下載到手機,直接分享影片。

分享影片連結

於 **你的影片** 畫面中點選的影片右側 ⋮ \ **分享影片**,點選要分享的社群、通
訊軟體,或其他方式;另外也可以點選下方的 **複製連結**,直接複製連結並分
享給他人。

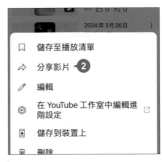

下載及分享影片

於 **你的影片** 畫面中點選影片右側 ⋮ \ **儲存到裝置上**,儲存完畢後點選 **確定**
可以於手機相簿中看到該影片;如果想直接分享,點選 **分享**,再點選清單中
欲分享的社群、通訊軟體或其他方式就可以把影片分享給對方。

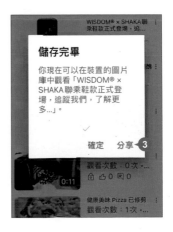

NOTE

Part **05**

Instagram Reels
搶攻短影音流量

Reels 憑藉其創意與互動性，正迅速成為短影音流量的主要推動者之一。無論是個人創作者還是企業品牌，都應抓住這股蓬勃發展的潮流。透過 Reels 打造引人注目的內容，成為時尚流量的領頭羊！

TIP 1 初探 Instagram Reels

Reels 是 Instagram 的短影音創作工具與分享平台，以直式全螢幕影片呈現，為用戶提供全新的社群展示舞台和互動方式。

認識 Instagram Reels

2020 年，Instagram 平台推出 Reels 短影音服務，讓用戶能製作連續短片並添加各種創意效果、音樂和文字，輕鬆創造有趣、引人入勝的視覺內容。

Instagram 用戶透過 Reels 與 Mate 旗下各社群的跨平台互動，可以有效提升個人或企業品牌知名度、增加不同平台間的用戶曝光度，並建立更深層次的連結。

成長趨勢

台灣人社群使用習慣的關係，就算如今社群平台百花齊放，Instagram 的月使用人數仍然達到 740 萬人，為最熱門的社群平台之一，Instagram 在 2021 年時，宣布在全球活躍使用者數量已超過 10 億；2023 年，Instagram 全球下載量已達 7.67 億次，比前一年增長 20%，而推動成長的其中一部分原因來自於 Reels 的流行。

Facebook 與 Instagram 都是 Mate 旗下的社群平台，二者間緊密互動顯著提升了Reels 短片的播放量，使其成為品牌與電商增加曝光及更貼近使用者的理想選擇。

TIP 2

新手必看！IG Reels 建置流程

開始製作 Reels 連續短片前，針對範本、拍攝或相簿三種方式，整理相關影片建置流程，建立操作前的基本概念。

利用範本建立連續短片流程

透過範本預留的素材數量與預設秒數，方便套用現有的影片或照片素材，快速製作短影音並發布到網路上。

挑選範本 P5-5 → 上傳影片或照片 P5-6 → 編輯封面與發布 P5-27、29

利用拍攝建立連續短片流程

透過直接拍攝產生需要的影片素材，之後藉由音樂、濾鏡、特效、貼圖、文字...等元素的加入，豐富影片內容，並利用編輯工具微調影片整體效果，最後建立封面與發布。

錄製影片 P5-7 → 新增文字、濾鏡、特效、貼圖、音訊...等 P5-11~P5-17 → 利用編輯工具細部調整 P5-18 → 編輯封面與發布 P5-27、29

利用相簿建立連續短片流程

透過相簿上傳需要的影片或照片素材，再調整音樂、濾鏡、特效，加入貼圖、文字...等元素，豐富影片內容，並利用編輯工具微調影片整體效果，最後建立封面與發布。

上傳照片或影片 P5-9 → 新增文字、濾鏡、特效、貼圖、音訊...等 P5-11~P5-17 → 利用編輯工具細部調整 P5-18 → 編輯封面與發布 P5-27、29

認識 Instagram Reels 瀏覽介面

TIP 3

Instagram 手機畫面的 Reels 分類，點選即可進入全螢幕瀏覽模式，透過滑動或點選，瀏覽不同創作者的影片或進行互動。

開啟 Instagram App，於畫面下方點選  📱 ，可直接進入 Instagram Reels 瀏覽畫面，上下滑動可切換正在瀏覽的影片；覺得不錯的影片，則可以透過點讚、留言、分享或訂閱...等進行互動。

畫面圖示，下方由左到右，右側由上而下，功能分別為：

🏠 **首頁**：Instagram 主畫面，所有貼文的動態消息都會顯示於此。

🔍 **搜尋**：可於此搜尋與探索 Instagram 貼文及 Reels 連續短片。

➕：新增與創作貼文或影片內容。

🎬 **Reels**：Reels 主畫面，可瀏覽其他創作者的連續短片內容。

👤 **個人資料**：檢視和編輯個人動態牆、資料。

💙 **愛心**：喜歡的影片點選愛心，為影片 "點讚"。

💬 **評論**：可以瀏覽大家的評論或進行評論。

📤 **分享**：可分享、複製連結給他人或至其他平台。

⋯ **更多選項**：儲存至我的珍藏、產生影片的 QR 碼、為什麼會看則短片原因及檢舉影片...等，或是管理內容的偏好設定。

🎵 **音訊**：顯示影片音訊的作者，以及有哪些創作者也使用了相同的音訊。

TIP
4

使用範本快速上手

選擇喜歡的範本，替換成自己的素材，幾分鐘內就能輕鬆創作
出 Reels 連續短片！

STEP
1

點選 ⊞，滑動下方的功能列至 **連續短片**，再點選 ⊡ **範本**，於 **為你推
薦** 或 **超夯** 項目左右滑動，可以預覽範本，接著點選欲使用的範本。

STEP
2

進入範本後，畫
面下方會顯示此
範本可以置入
的片段與預設
秒數，點選第一
個片段，相簿中
點選欲置入的照
片、影片。

 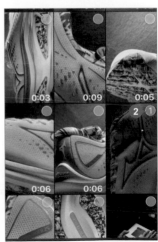

STEP 3 依序點選要置入的照片、影片，點選 **下一步**，如果欲調整片段呈現的區段，可點選片段後，再左右滑動白框至欲呈現的區段，接著點選 **完成** 再點選 **下一步**。

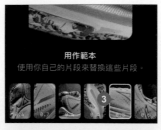

STEP 4 預覽套用範本後呈現的影片效果，點選 **下一步**，再完成封面編輯、影片說明、標註、分享對象權限...等相關設定，點選 **分享** 即完成。

─ 小提示 ─

關於文字、貼圖、特效...使用與發布設定

此 Tip 主要說明如何透過範本快速產生連續短片；過程中設計音樂、貼圖、特效、文字...等運用可參考 P5-11~P5-17；發布設定可參考 P5-29。

利用錄影或相簿直接創作

Instagram 提供內建相機直接錄影，或是上傳手機內的影片及照片多種創作方式。

直接錄影

畫面下方點選 ⊞ \ **連續短片**，點選 **相機**，接著點選 ☑ 展開所有項目，再點選 ③，清單點選欲錄製的影片時間長度。

點選要對焦的位置，再點選 ◎ 開始錄影 (畫面上方會顯示目前錄製的時間長度)，過程中可點選 ◻ 暫停，若再次點選 ◎ 則繼續錄製下一個片段。

STEP **3** 依序完成影片錄製 (錄製的片段會以漸層顯示在錄製鈕外圈並以黑色線段區隔)，錄製完成會自動切換至編輯畫面，預覽影片內容，點選 **下一步**。

 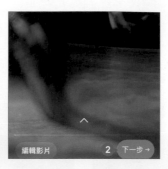

STEP **4** 最後完成封面編輯、影片說明、標註、分享對象權限...等相關設定，點選 **分享** 即完成。

小提示

錄影前套用輔助工具

點選 **相機**，進入連續短片錄影畫面，點選 ☑ 展開所有項目，畫面圖示由上到下，功能分別為：

🎵 **音訊**：為影片加入背景音樂。

✦ **特效**：為影片加入影片特效。

⊞ **版面** (或 **影片版面**)：以分割畫面的方式來錄製連續短片，最多可選擇 6 個分割畫面。

⬚ **綠幕**：自動抓取人物，並替換背景圖片。

↩ **輪到你了**：建立可互動式的連續短片，藉此與其他用戶交流。

⑳ **長度** (或 **影片長度**)：設定連續短片的時間長度，分別有 15、30、60、90 秒。

◎ **前後雙拍**：同時以前、後置鏡頭進行錄製。

✋ **手勢控制**：利用舉手的動作開始或停止錄製影片。

 展開工具列時，點選可切換工具列顯示於左側或右側。

 閃光燈： 為不使用， 使用，以及  自動偵測。

 影片錄製速度：可選擇 1/3、1/2、1x、2x、3x、4x，1x 為標準速度；1/3、1/2 會變成慢動作影片；2x、3x 、4x 則會加快影片速度。

 計時器：錄影前先設定倒數時間 (3 秒或10 秒)，再拖曳出欲錄製的時間長度 (會依  決定可錄製的最長時間)，然後點選 **設定計時器**，即會在倒數結束後開始錄製指定的影片時間長度。

使用相簿素材

 畫面下方點選 ⊕ \ **連續短片**，點選 **最近項目**，清單選擇相簿，再依序點選合適的照片、影片素材，點選 **下一步**。

STEP 2 預覽影片內容，於編輯畫面點選 **下一步**，完成說明、封面編輯、權限...等設定後，點選 **分享** 即完成。

─ 小提示 ─

關於文字、貼圖、特效...使用與發布設定

此 Tip 主要說明透過錄影與相簿快速產生 Reels 影片，過程中設計音樂、貼圖、特效、文字...等運用可參考 P5-11~P5-17；發布設定可參考 P5-29 操作說明。

─ 小提示 ─

加入建議音訊

錄製或使用相簿素材後，如果出現 **建議音訊** 畫面，可先加入合適的音訊再點選 **下一步**；或是點選 **略過** 先不要加入音訊，之後可以在編輯畫面上方點選 🎵 選擇加入。

套用影片特效及濾鏡效果

影片中加入生動的特效或是獨特風格的濾鏡效果,都可以顯著提升視覺吸引力。

加入影片特效

加入特效,可以讓影片畫面產生特殊樣貌。

特效可以在二種狀態下套用,一是 **相機** 模式下,設定好要製作的影片長度後,點選 🟦;二是完成錄影、相簿上傳或套用範本後,於編輯畫面上方點選 🟦。

於特效清單 **美學** 或 **特效** 標籤下方清單點選合適的特效套用,再於預覽畫面點選任一處即可返回編輯畫面。

加入濾鏡效果

濾鏡效果可以改變影片色調，呈現全然不同的風格。

完成錄影、相簿上傳或套用範本後，於編輯畫面左右滑動，即可套用不同濾鏡效果，會於畫面中央顯示該濾鏡名稱。

小提示

在編輯影片工具中套用濾鏡

除了在編輯畫面中快速套用濾鏡，也可於畫面左下角點選 **編輯影片** 進入詳細編輯畫面，再點選 🙂，畫面中即會顯示所有濾鏡效果清單，左右滑動，再點選欲使用的濾鏡即可。(於預覽畫面點選任一處即可返回編輯畫面。)

 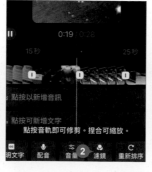 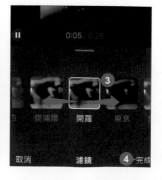

豐富影片的文字效果

TIP 7

Reels 內建的 **文字** 功能,提供各種樣式、對齊方式、字型與顏色...等設定,輕鬆為影片提升觀看體驗。

完成錄影、相簿上傳或套用範本後,於編輯畫面點選 **Aa** ,輸入文字後,點住左側滑桿上下拖曳可以變更文字大小。

於下方字體區左右滑動可變更字體 (白底為目前套用的樣式),點選 **目** 可變更對齊方式。

點選 **○** 可變更顏色;點選 **A** 可變更樣式,點選 **A** 可套用動畫,完成文字設定後,點選 **完成** 返回編輯畫面,最後再拖曳文字至合適的位置擺放。

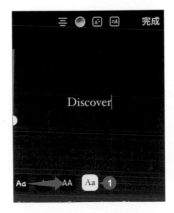  

STEP 4 如果需要再加入其他文字，只要於編輯畫面再點選 Aa 並依相同操作完成即可。(畫面下方會顯示目前已加入連續短片中的文字)

小提示

邊界出現黃色區域

拖曳文字或圖示擺放時，如太靠近邊界即會顯示黃色安全區域，表示將文字或圖示擺放在此位置，有可能因為不同裝置的顯示範圍不同，讓該區域內的文字或圖示無法完整顯示。

改變排列順序

有時候擺放文字或其他元素時，由於彼此距離較近或重疊，不容易選取，此時只要點住該物件不放，待畫面中間左側出現圖層順序圖示，再向上或向下滑動即可改變該物件順序。(Android 不支援此功能)

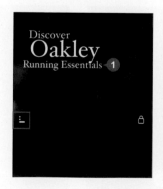

TIP
8

貼圖讓影片更有趣

Reels 除了常用的動態貼圖,還有測驗、發問、虛擬替身...等多種類型,為影片增強視覺吸引力和互動性。

STEP
1

完成錄影、相簿上傳或套用範本後,於編輯畫面點選 🙂,清單中再點選欲使用的項目;若沒有合適的項目,可於搜尋欄位中輸入關鍵字,再於搜尋結果清單點選。

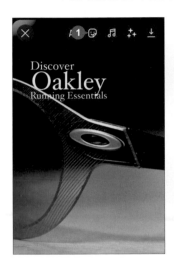

STEP
2

插入貼圖後,透過手指捏合可縮放貼圖大小,調整後再拖曳至合適的位置擺放。

小提示

為連續短片自動產生字幕

如果連續短片中有旁白需要加入字幕時,可點選貼圖清單中的 **字幕** 功能,即會分析旁白內容並自動加入文字。(台灣於 2024 年陸續開放此功能)

新增音訊及調整音量

TIP 9

背景音樂可以增強影片的情感吸引力和觀看體驗,但若原聲和背景音樂未妥善調整,播放時便可能顯得格格不入。

新增音樂

音樂可以在二種狀態下加入。一是在 **相機** 模式,點選 🎵;二是完成錄影、相簿上傳或套用範本後,編輯畫面點選 🎵。

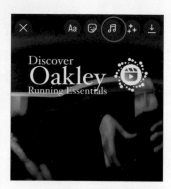

STEP 1 於 **為你推薦** 清單中,歌曲名稱右側點選 ▶ (或縮圖上方播放鈕) 可聆聽內容;點選歌曲名稱或縮圖即可加入該音訊。

STEP 2 畫面下方左右滑動選擇欲使用的區段,再點選 **完成**,即完成音訊新增。

調整音量

加入音訊後，如果原始影片的聲音與音樂互相干擾，可調整音量大小聲或是將它靜音。

編輯畫面點選 🎵，再點選 ⇄，滑動 **相機音訊** 滑桿至合適的音量值，若滑至底部則為靜音，再點選 **完成**。

替換或刪除音訊

如果覺得音訊不合適想替換或刪除，可於畫面下方點選音訊縮圖 (或 **編輯影片**)，進入詳細編輯畫面，在選取音訊狀態下，點選 🎵 (或 ⇄ **取代**)，依相同操作即可替換為其他音訊；若要刪除可點選 🗑，最後於預覽畫面點一下即可返回。

進階剪輯技巧讓影片更出色

TIP 10

完成影片、音樂、濾鏡、文字...等布置後,可再透過 **編輯影片** 功能,為影片加入轉場或是調整其他細節。

調整影片時間長度

STEP 1

於編輯畫面點選 **編輯影片**,詳細編輯畫面上方可預覽影片內容,下方時間軸包含影片、其他素材以及音軌,透過手指捏合可以縮放時間軸的顯示比例,接著點選欲編輯的影片片段。

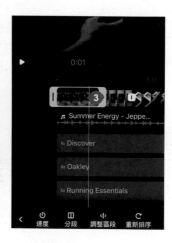

STEP 2

於影片片段左、右側,點住 **|** 或 **〉** 不放,左右滑動調整 (可參考預覽畫面下方數字調整時間長度),再依相同操作調整其他片段的時間長度。

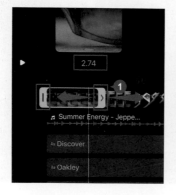
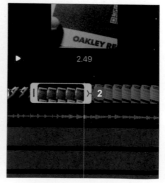

─ 小提示 ─

可調整的時間長度

調整各片段時間長度時，如調整滑桿呈 ▮ 表示該
方向已無剩餘時間長度可延伸，只能縮短；若是呈
❮ 或 ❯ 則表示該方向尚有時間長度可以延伸。

調整影片區段

於詳細編輯畫面，不調整秒數的情況下，可以調整區段讓影片片段只播放指
定區段的內容。點選欲調整的影片片段，畫面下方點選 ⟨⟩，接著左右滑動選
擇欲播放的區段，確認無誤後，點選 **完成**。(點選預覽畫面可返回編輯畫面)

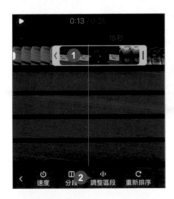

分割影片片段

於詳細編輯畫面，選取影片片段後，時間軸上左右滑動，待時間軸指標線移
至欲分割的時間點，再點選 ⏸ 即可依該時間點分割影片。

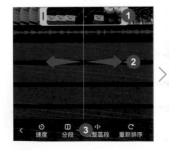
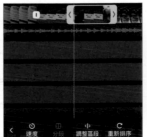

調整影片前後順序

於詳細編輯畫面下方點選 **C**，點住要移動的片段不放，左右拖曳至合適位置後放開，再點選 **完成** 即可。

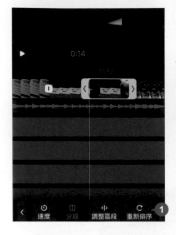

新增更多影片或照片素材

於詳細編輯畫面，時間軸左側點一下黑色區域取消所有選取狀態，接著點選 **G**，相簿中可以選擇以 **相機**、**片段庫**、**相簿**...等項目新增片段。

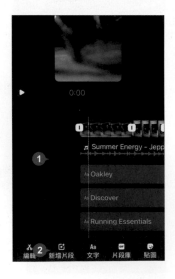

如果使用 **相機** 直接拍攝，可參考 **P5-7** 操作說明；若使用 **相簿** 素材，點選新增影片後，於畫面下方調整出欲使用的區段，再點選 **下一步**，即會將新增的片段插入至時間軸最後方。

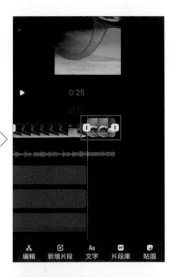

 最後再參考 **P5-20** 的操作方式點選 **C**，點住要移動的片段不放，將影片片段擺放至合適的位置即可。

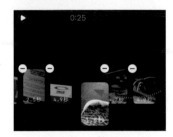

小提示

新增片段庫元素

新增片段時，若點選 **片段庫 \ GIF**，則會開啟 GIPHY 圖庫，裡面有許多世界上知名或是流行的迷因動畫，如果想讓連續短片變得更有趣，可以於搜尋欄位中輸入關鍵字搜尋，或是利用上方已預設的關鍵字來尋找合適的片段運用。

調整音訊、文字或貼圖的進場順序

影片設計時加入的音訊、文字或貼圖預設會同時出現，透過時間軸的調整可以指定進場的先後順序。

於詳細編輯畫面，點選欲調整的片段，拖曳片段左右二側 **❙** 調整起迄時間，再依相同操作完成其他欲調整進場順序的片段，這樣音訊、文字與貼圖就會依指定時間點出現在畫面中。(點選畫面左下角 **<** 可返回詳細編輯畫面)

為影片新增旁白

如果想為影片加入旁白，利用 **配音** 功能即可輕鬆達成。

於詳細編輯畫面，在沒有選取任何片段的狀態下，時間軸上左右滑動，待時間軸指標線於欲開始錄製旁白的時間點，點選 **🎤**，準備好後，點選 **◉** 待倒數結束後即開始錄製。

音軌下方即會產生配音的音軌，錄製完成，點選 ⬛ 即完成旁白錄製的操作。(點選畫面左下角 **◀** (或 **完成**) 可返回編輯畫面)

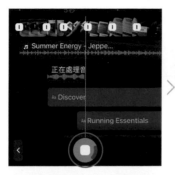 

── 小提示 ──

配音特效

錄製好的旁白，若想讓它變得有趣，於詳細編輯畫面，點選配音軌，點選 ➕，清單中點選欲使用的特效，再點選 **完成**。(Android 不支援此功能)

自動語音辨識產生字幕

影片若是有旁白 (錄製的旁白也可以)，於詳細編輯畫面，在沒有選取任何片段的狀態下，點選 **cc**，即會自動辨識並產生字幕，在時間軸中產生一個說明文字片段。(台灣於 2024 年陸續開放此功能)

 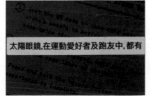

混音調整

如果同一個影片有多個音訊時,藉由 **音量** 調整可以凸顯重要音訊的呈現。於詳細編輯畫面,在沒有選取任何片段的狀態下,點選 🎛 開啟控制項目,於背景音訊滑桿向左滑動調小音量,如此一來即可讓配音更加清楚。

套用轉場

轉場可以在影片或照片轉換時,讓畫面間關聯更加緊密與流暢。於詳細編輯畫面,時間軸各影片片段間點選 Ⅰ,左右滑動選擇欲套用的轉場效果,點選 **完成**,再依相同操作完成其他轉場的套用;或點選 **套用到全部** 套用相同的轉場效果。

預覽影片完整度

 STEP 1 於詳細編輯畫面，完成前述相關編輯與調整，選按上方播放鈕預覽整部影片是否如預期呈現，例如：影片片段前後順序、各元素片段播放時間點或音量...等狀況都需確認。

 STEP 2 最後點選 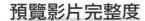，結束詳細編輯畫面，準備發布；或是於預覽畫面點一下返回編輯畫面，繼續其他操作。

 **TIP 11**

儲存與管理草稿

影片編輯到一半有其他事情要處理，或貼文文案還沒想好，可先利用 **草稿** 功能儲存目前編輯中的連續短片。

儲存草稿

尚未編輯完成的連續短片，可於最後發布畫面點選 **儲存草稿**，進行暫存。

開啟草稿繼續編輯

如果要開啟連續短片的草稿，可參考以下方式操作：

STEP 1 畫面下方點選 ⊕ \ **連續短片**，如果已儲存草稿會詢問是否繼續編輯草稿，點選 **繼續** 即可開啟最後一則草稿；若有儲存數個草稿時，可點選 **製作新影片**，接著再點選 **草稿·(**)** ，在 **連續短片草稿** 畫面點選欲開啟的草稿。

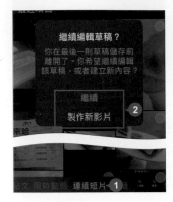
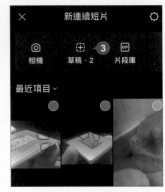

STEP 2 進入發布後，畫面右上角點選 **編輯** 即可進入編輯畫面繼續編輯。

管理草稿

於 **連續短片草稿** 畫面，各草稿項目右側點選 ⋯ ，清單中點選 🄲 可複製草稿；點選 🄰 可為草稿命名；點選 🗑 可刪除草稿。(Android 僅有刪除功能)

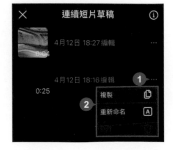

TIP
12

編輯封面

影片完成後,透過建立吸睛封面,可以幫助影片吸引更多觀眾,提高點擊率並觸及更多用戶。

指定封面

結束影片編輯進入發布畫面,點選 **編輯封面**,封面設定有二種方式,一種是擷取連續短片的畫面;另一種則是讀取外部已製作好的封面,可參考以下方式操作:

方法一:於 **封面相片** 標籤下方,左右滑動至欲使用的畫面,再點選完成。

方法二:於 **封面相片** 標籤,點選 **從相機膠卷新增**。

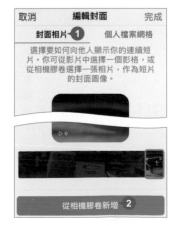

相簿中點選合適
的圖片，再點選
完成 即可。

設定個人動態牆網格封面

個人檔案網格是當其他人在瀏覽你的帳號時，於動態牆上每則貼文或影片所顯示的縮圖，選擇合適的縮圖能有效提升點擊率。

編輯封面時，點選 **個人檔案網格** (或 **裁切大頭照**) 標籤，上下滑動縮圖位置 (此縮圖會使用剛剛設定好的封面圖片)，確認後，點選 **完成** (或 ☑)，待完成發布後，即可於個人檔案的動態牆上看到設定好的網格縮圖。

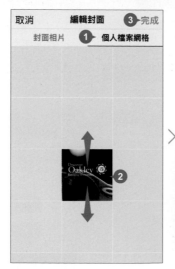 

發布連續短片

完成影片製作並設定封面，最後輸入影片文案、設定分享對象、標註用戶、新增主題...等，著手發布影片。

於發布畫面說明欄位點一下，接著輸入影片文字說明，點選 **確定**；點選 **分享對象** 可指定分享予 **所有人** 或 **摯友**；點選 **標註用戶** 可新增標籤或邀請協作者。(若帳號啟用 Instagram 商店販售，還可以於影片中 **標註商品。**)

點選 **個人檔案顯示** 確認為 **主要網格** 和 **Reels**，還是 **僅限 Reels 網格** 顯示；點選 **新增主題**，協助系統為連續短片與瀏覽者配對，最多選擇 3 個合適的主題，點選 **完成**；最後依需求設定品牌標籤或地點、是否分享至 Facebook...等設定，確認無誤後，點選 **分享** (或 **繼續 \ 分享**)。

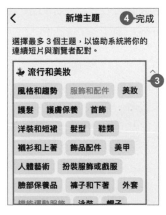

轉發及儲存已發布的影片

TIP 14

已發布的連續短片，可透過 ▽ 功能，分享給其他人或是其他社群平台，也可以將影片下載至裝置。

STEP 1　瀏覽 Reels 連續短片時，畫面右下角點選 ▽，再點選 ⬇ \ **下載**，即可將連續短片下載至裝置。(下載的連續短片將不含音訊)

STEP 2　若要直接傳送給 Instagram 好友，瀏覽 Reels 連續短片時，畫面右下角點選 ▽，再向上滑動好友清單，點選欲傳送的帳號頭像，再點選 **傳送** 即可。(如果多選，則是點選 **個別傳送**。)

STEP 3　若要將連續短片分享至其他平台，瀏覽 Reels 連續短片時，畫面右下角點選 ▽，再於畫面下方左右滑動點選 ⬆ **分享到......**，即可指定分享至 Facebook、Line...等平台。

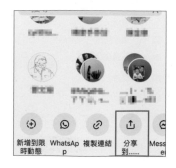

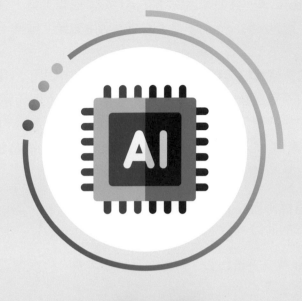

Part **06**

AI 智能影音工具

從語音分析、智慧音訊處理、AI 寫作到虛擬主播，深入探索這些 AI 技術如何重新定義影片剪輯的操作以及聽覺和視覺體驗。AI 帶來了前所未有的創作自由，讓影片和聲音後製更加高效精準。

快速上手 AI 高效影片剪輯 Vrew

Vrew 是一套簡單且快速的 AI 影音編輯工具，讓每個人都可以輕鬆地為影片添加字幕、剪輯並套用效果、音樂。

Vrew 擁有各式免費素材與範本，可以在商業影片中使用；相較於其他影音剪輯工具，最大優勢是面對有旁白或對談式影片，匯入即可瞬間完成字幕，並可藉由文字快速剪輯影片，就像編輯文件一樣輕鬆，沒錄到的旁白內容也可使用 AI 語音製作。以下列舉常見使用於 Vrew 剪輯的影音類型以及 Vrew 強大而驚人的功能：

- **直播影音**：直播影音或 Podcast 的完整內容太冗長時，可以使用 Vrew 將其精簡為較短的片段。

- **訪談影音**：AI 語音分析功能，輕鬆完成訪談字幕，也能導入腳本做成字幕或呈現雙語系字幕。

- **短影音**：可透過 QR Code 從手機導入錄製的影片，快速偵側出有趣或關鍵片段，加入 AI 語音、角色套用和免費素材，讓你不需露臉即可快速完成短影音創作。

下載安裝、開始使用

開啟瀏覽器，於網址列輸入「https://vrew.voyagerx.com/zh-TW/」，進入 Vrew 網站。Vrew 可於線上體驗版試試，但無法將作品匯出，建議下載安裝後再使用，能擁有更完整的功能。

Vrew 支援 Windows、Mac OS 與 Linux 下載並安裝使用，也可以於行動裝置下載使用；其操作方式差異不大，在此示範 Windows 平台下載安裝及後續使用操作。

STEP 1　畫面右上角選按 **下載**，會依電腦系統提供對應安裝檔 (若非電腦系統可使用的安裝檔，可捲動至畫面最下方直接選按 🍎 或 ⊞ 圖示下載)，下載後依各系統指示，完成 Vrew 安裝。

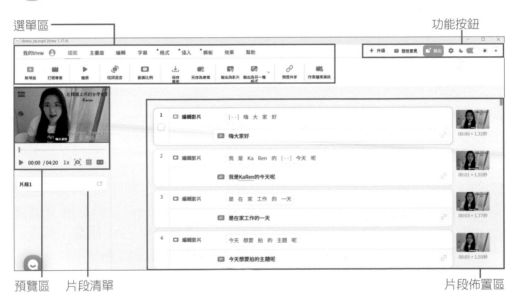

STEP 2　完成安裝後會自動開啟 Vrew，主畫面自動以繁體中文呈現 (也可於主畫面右上角選按 ⚙ 調整語言)，透過下圖標示先熟悉介面：

> **小提示**
>
> **下載 Vrew 的行動裝置版本**
>
> iOS 可開啟 App Store 搜尋「Vrew」，
> Android 可開 Google Player 搜尋「Vrew」，
> 或掃描右方 QR Code 取得。

 STEP 3 開始操作前，需先登入或註冊帳號，於上方選單區選按 **我的Vrew**，若已有 Vrew 帳號選按 **登入** 並輸入帳號密碼完成登入，若無則如下圖於 **註冊會員** 填入相關資訊，再選按 **下一步**。

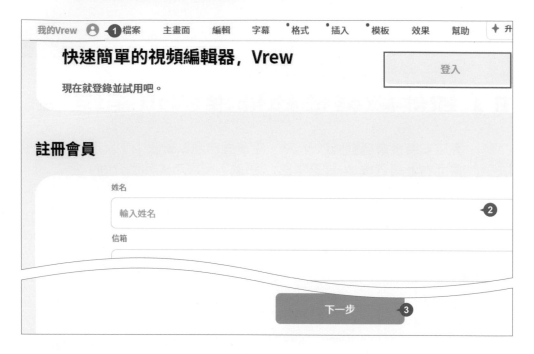

 STEP 4 接著會發送認證信至註冊時輸入的信箱，至該信箱接收 Vrew 認證信並選按信件中的 **驗證郵件地址** 後，再回到 Vrew 軟體選按 **完成註冊**。該畫面會顯示目前帳號於重點功能 **語音分析**、**AI 語音**、**翻譯**、**AI 圖像** 的本月使用量 (若用量已達上限就需等下個月再使用)。

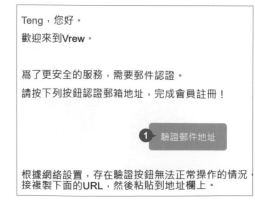

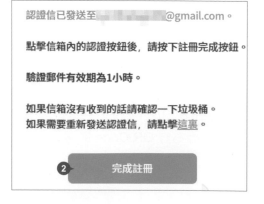

語音辨識自動為影片上字幕

Vrew 開始的方式有很多種，在此示範取得電腦中的影片素材，並為其自動加上字幕與字幕編修。

 上方選單選按 **檔案 \ 新項目 \ 從電腦加載視頻·音頻**，指定電腦中要取得的影片素材，選按 **開啟**。

 指定語音分析的語言，再選按 **確認**。(目前支援中文、英文、日文、韓文、西班牙語)

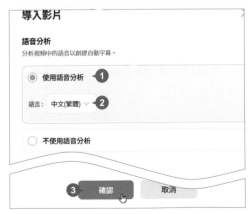

STEP 3 取得影片的同時也在進行語音分析，等待畫面會顯示你這部影片所使用的語音分析時間與這個月的額度 (目前上限為 120 分鐘)。

STEP 4 除了語音分析也會結合場景分析 (無語音的影片則是依場景分割片段)，完成後可看到已取得影片中所有旁白字幕，並依每句話分割為一個片段，片段中上方是影片行，下方是字幕行。

STEP 5 選按任一片段，按 Space (空白) 鍵可播放、暫停播放影片，如果要編修字幕，可於字幕行直接輸入文字或刪除不需要的文字。

─ 小提示 ─

可以匯入外部字幕

目前 Vrew 的語音辨識，對中、英混說以及台語辨識精準度可再加強，如果透過其他工具取得更精準的字幕檔，例如 Vocol、雅婷 (可參考 P6-25 雅婷逐字稿)...等，可匯入 Vrew 中使用。

上方選單選按 **字幕 \ 導入字幕檔** (Vrew 支援 SRT 格式字幕檔)，選取 SRT 字幕檔，再選按 **導入**，即會取代原有字幕並重新排列片段。

快速剪輯影片

不同於一般影片剪輯工具，Vrew 不是透過時間軸與聲波剪輯影片，而是藉由片段與字句剪輯影片。

片段中上方為影片行 (在此剪輯影片)，下方為字幕行 (在此編修字幕)；調整過程選按片段空白處再按 Space (空白) 鍵可播放影片、再按一次則暫停播放，按 Tab 鍵可播放該片段，透過播放協助影片與字幕編修。

選按片段空白處即選取該片段　　　　　　　　　　　影片行　　　字幕行

2	▢ 編輯影片	在 學 習 power BI 與 職 場 應 用 上
		▭ 在學習 PowerBI 與職場應用上

剪輯影片，移動特定範圍至下一句：於片段的影片行，選取要移動的文字，將滑鼠指標移至選取範圍上方，拖曳至合適的片段文字位置再放開滑鼠左鍵即可。

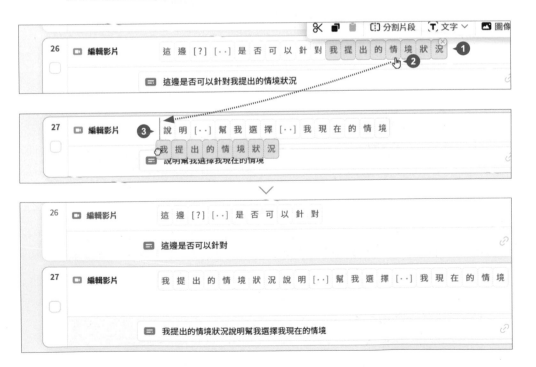

STEP 2

剪輯影片，將一句話分割成二句：於片段的影片行，將插入線移至要分割的文字右側，按 Enter 鍵即可。 (影片與字幕同步分割)。

27	📺 編輯影片	我 提 出 的 情 境 狀 況 說 明 [··] 幫 我 選 擇 [··] 我 現 在 的 情 境
		💬 我提出的情境狀況說明幫我選擇我現在的情境
28	📺 編輯影片	適 合 使 用 哪 一 種 圖 表 [··]

⌄

27	📺 編輯影片	我 提 出 的 情 境 狀 況 說 明 [··]
		💬 我提出的情境狀況說明
28	📺 編輯影片	幫 我 選 擇 [··] 我 現 在 的 情 境
		💬 幫我選擇我現在的情境

STEP 3

剪輯影片，二句話合併為同一句：於片段的影片行，將插入線移至文字最右側，按 Del 鍵，可將此句與下句合併 (影片與字幕同步合併)。

47	📺 編輯影片	他 有 詳 細 的 說 明
		💬 他有詳細的說明
48	📺 編輯影片	這 兩 個 [··] 視 覺 化 圖 表 為 什 麼 是 他 建 議 的 項 目 [··] [?]
		💬 這兩個視覺化圖表為什麼是他建議的項目

⌄

| 47 | 📺 編輯影片 | 他 有 詳 細 的 說 明 這 兩 個 [··] 視 覺 化 圖 表 為 什 麼 是 他 建 議 的 項 目 [··] [?] |
| | | 💬 他有詳細的說明這兩個視覺化圖表為什麼是他建議的項目 |

STEP 4

剪輯影片，調整句子先後順序：核選要調整的片段，按滑鼠左鍵不放，拖曳至合適的位置再放開滑鼠左鍵即可。

STEP 5

剪輯影片，刪除語助詞或特定字詞：於片段的影片行，選取要刪除的語助詞或字詞，按 Del 鍵刪除即可 (影片與字幕同步刪除)。

STEP 6

剪輯影片，逐一或批次刪除語助詞或特定字詞：若要檢查與編修整部影片中的語助詞或特定字詞，上方選單選按 **編輯 \ 尋找並編輯**。

右側 **尋找並編輯** 窗格搜尋列輸入要找尋的文字,於 **影片行** 標籤核選
要刪除的單詞所在片段再選按 **刪除所選單詞**,或於下方核選 **全部** 再
選按 **刪除所選單詞 \ 刪除所選單詞** (影片與字幕同步刪除)。

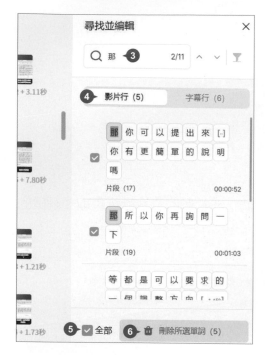 

快速編修字幕

編修字幕:當語音分析的字幕與旁白不相同時,於片段的字幕行,直接輸入
文字或刪除不需要的文字 (不影響影片內容)。

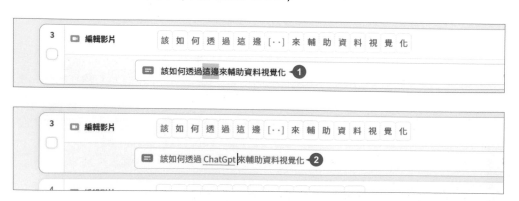

設計雙語系字幕

Vrew 可依指定語言翻譯字幕,並指定為雙語字幕呈現或只出現翻譯字幕。

 上方選單選按 **字幕 \ 添加翻擇字幕**。

 指定 **翻譯語言**,選按 **翻譯**。完成翻譯後可在片段字幕行中看到翻譯的字幕,並同時於預覽區看到二組語言字幕呈現方式。

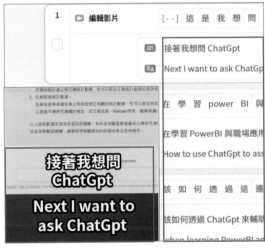

 於上方選單 **字幕** 中,可看到 **顯示基本字幕** 與 **顯示翻譯字幕** 預設均呈 開啟狀態,若選按任一項目呈 狀,則會隱藏該字幕。

快速取得手機中的影片素材

影片編輯過程，若想加入存放在手機中的影片素材，可以透過 QR Code 快速導入電腦。

STEP 1 上方選單選按 **檔案 \ 添加影片 \ 從智慧型手機上傳**，拿起手機掃描畫面上出現的 QR Code。

STEP 2 於手機會開啟 Vrew 的傳送畫面，可傳送聲音檔與影片素材，在此點選 **發送視頻 \ 照片圖庫** (或 **選取圖片**)，再點選要傳送至電腦的影片素材 (可多選) 以及 **加入** (或 **完成**)。

STEP 3　開始將指定素材傳送到電腦，待傳送完成會顯示 **文件發送完成** 畫面。

STEP 4　於電腦 Vrew 畫面，指定該素材於電腦中儲存的位置與檔案名稱，再選按 **存檔**。接著同本機資料取得的流程，先指定語音分析語言，再選按 **確認**，等待語音分析完成。

依文案產生 AI 語音配音

少錄了一段旁白語音，Vrew 可輸入文字產生 AI 語音配音，還可選擇合適的配音演員，並調整語音的音量、速度、音調高低和環境音效果。

STEP 1 上方選單選按 **插入 \ AI 語音 \ 插入在新片段** (會於目前選取的片段下方插入一新片段)。

STEP 2 於新片段選按配音演員名稱右側 ☰ 圖示，**AI 語音設定** 對話方塊左側可設定配音演員的 **語言**、**性別** 與 **年齡** 條件，再於右側核選任一位配音演員名稱。

輸入要用 AI 朗讀的文字，選按 **試聽**，如果聲音需要微調可於上方變更 **音量**、**速度**、**高低** (音調) 和 **效果** (環境音) 的設定，然後再次選按 **試聽**，確認無誤選按 **確認**。

 回到主畫面，可看到已完成該片段的 AI 語音配音，後續可選取該片段拖移至合適位置擺放，或上方選單選按 **插入 \ 免費圖像或影片**，為片段添加合適的內容。

為原字幕與翻譯字幕製作 AI 語音配音

Vrew 可針對選取片段或整部影片的原字幕或翻譯字幕進行 AI 配音,在此示範為英文翻譯字幕製作配音。

 STEP 1 上方選單選按 **插入 \ AI 字幕配音 \ 配音在整個片段 (翻譯字幕)**。

STEP 2 於 **AI 語音設定** 對話方塊,依翻譯字幕語言於左側設定配音演員的 **語言**,另外可設定 **性別** 與 **年齡** 條件,再於右側核選配音演員名稱,

STEP 3 選按 **試聽**,如果聲音需要微調可於上方變更 **音量**、**速度**、**高低** (音調) 和 **效果** (環境音) 的設定,然後再次選按 **試聽**,確認無誤選按 **確認**。

STEP 4 回到主畫面,詢問是否要繼續產生 AI 聲音 (免費帳號若使用無 Free 標誌的聲音,每個月有 10,000 個字的限制),選按 **Continue** 繼續; 若原影片已有聲音,會詢問是否將原影片聲音設定為靜音,選按 **是**。

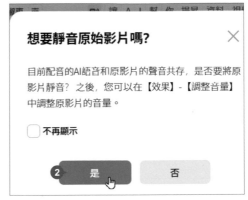

STEP 5 完成整部影片片段的 AI 翻譯字幕配音,片段的影片行會出現 🔊 圖 示,並將原字幕聲音設定為靜音,可按 `Space` (空白) 鍵播放影片, 再按一次則會暫停播放,預覽 AI 字幕配音效果。

─ 小提示 ─

調整影片原影片和 AI 配音音量大小

- 於片段的影片行右側選按 🔇 \ **編輯效果**,可調整原影片的音量大小;或 上方選單選按 **效果 \ 調整音量**。

- 於片段的影片行左側選按 🔊 \ **調整音量**,可調整翻譯字幕配音的音量 大小。

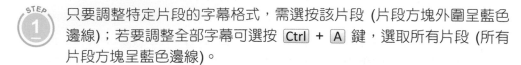

設計字幕格式

Vrew 可針對全部字幕一次設定，或針對特定片段的字幕。

STEP 1 只要調整特定片段的字幕格式，需選按該片段 (片段方塊外圍呈藍色邊線)；若要調整全部字幕可選按 Ctrl + A 鍵，選取所有片段 (所有片段方塊呈藍色邊線)。

STEP 2 上方選單選按 **格式**，即可為選取的片段套用字幕格式，包含：粗體、斜體、字型、字級、文字顏色、邊框、背景...等。

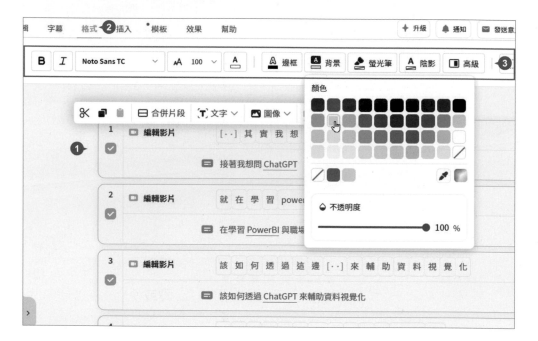

STEP 3 左方預覽區會直接套用已指定的字幕格式。

AI 自動剪輯摘要影片

只要 30 秒，Vrew 的 AI 智能可為目前專案剪輯影片摘要、重新上字幕與 AI 配音，並可選擇使用原影片畫面或搭配 AI 產生的照片、影片。

 STEP 1 於原影片專案 (建議原影片已完成檢視與調整後再進行 AI 剪輯，產生的摘要影片會更為正確；若專案中有多個場景，先選取要剪輯的場景)，上方選單選按 **檔案\視頻混音**。

 STEP 2 選擇要建立的影片類型，在此選按 **創建摘要視頻**，選按 **下一個**。

 STEP 3 選擇摘要影片的視覺元素，可以是原影片片段或使用 AI 產生的圖片、影片，在此示範選按 **使用 AI 生成的圖片**，選按 **下一個**。

♪ ▶ ▷ ·········

STEP 4 產生的影片摘要會重新上字幕與 AI 配音，於 **選擇 AI 聲音** 中設定 **語言**，再於右側核選配音演員名稱，如果聲音需要微調可於上方變更 **音量**、**速度**、**高低** (音調) 和 **效果** (環境音) 的設定，再選按 **確認**。

STEP 5 會告知這次操作需消耗的 AI 圖像數量，選按 **確認**，開始建立摘要影片；完成後摘要影片會以新場景佈置在左側窗格。(後續輸出影片時可選擇僅輸出此場景)

AI 自動剪輯短影片

只想要剪出原影片中有趣的部分；或原影片時間長度太長，想要以較短的影片上傳到平台，Vrew 的 AI 智能快速依專案關鍵場景剪輯縮短影片。

 STEP 1 於原影片專案 (建議原影片已完成檢視與調整後再進行 AI 剪輯，產生的影片會更為正確；若專案中有多個場景，先選取要剪輯的場景)，上方選單選按 **檔案 \ 視頻混音**。

 STEP 2 選擇要建立的影片類型，在此選按 **創造亮點**，選按 **確定** 開始建立。

STEP 3 完成建立後，亮點影片會以新場景佈置在左側窗格。(後續輸出影片時可選擇僅輸出此場景)

透過文字與 AI 協作完成劇本和影片

Vrew 的 AI 協作可透過你提供的影片主題，完成撰寫劇本、產生字幕 、語音配音以及圖像與影片，快速產生整部影片。

STEP 1 上方選單選按 **檔案＼新項目＼透過文字製作影片**，指定影片比例、字幕長度與位置，再選按 **下一步**。

STEP 2 指定影片風格，有資訊傳遞、記錄片、名人名言、產品促銷...等，選按合適的風格後，選按 **下一步**。

輸入主題，選按 **AI 寫作**，即開始撰寫劇本。待劇本撰寫完成，瀏覽後如果需要更長的劇本可再選按 **繼續**，劇本確定後於右側指定 AI 語音演員與圖像、影片素材的設定，再選按 **完成**。

 於確認訊息選按 **完成**，這樣即完成影片的建立。(可按 Space (空白)鍵預覽影片)

儲存專案

完成影片剪輯後,記得儲存專案。上方選單選按 **檔案 \ 保存專案**,指定儲存路徑與檔名,再選按 **存檔**。(當要再次編輯只要開啟儲存的 *.vrew 專案檔即可)

輸出為影片

上方選單選按 **檔案 \ 輸出為影片**,指定目標片段、解析度與畫質,再選按 **輸出**;最後指定儲存路徑與檔案,選按 **存檔** 即可輸出為 *.mp4 影片檔。

TIP 2 生成式 AI 創作工具 Studio | 雅婷

提供逐字稿服務、多國 AI 配音、虛擬主播和音樂創作...等功能，協助創作者更高效地完成影音製作。

SRT 格式影音字幕

提供精準的文字稿翻譯服務，同時支援 SRT 字幕格式，確保多國語言內容的準確呈現，實現語音和文字的完美對應。

 開啟瀏覽器，於網址列輸入「https://studio.yating.tw/」，進入 "Studio | 雅婷" 網站。選按 **服務 \ 逐字稿**，選按 **立即試用**。

 開始操作前，需先登入帳號，可選擇 Google 或 Apple 帳號登入，依畫面提示完成登入。

STEP 3 選按 **新增逐字稿 \ 上傳影音檔**，依影片內容選擇語言，再指定要開啟的檔案，選按 **開啟**。

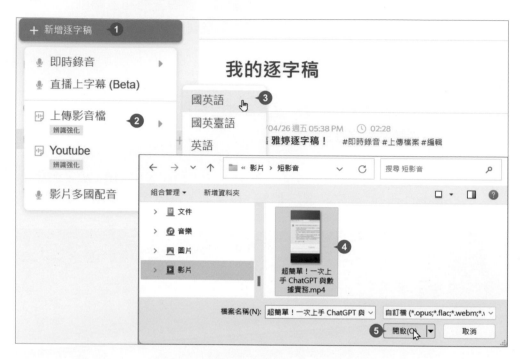

STEP 4 **我的逐字稿** 列項正在處理的項目 (右側顯示 **等待中** 或 **開始中**)，待處理完成選按該項目開啟瀏覽，可於畫面右上角選按 **編輯** 調整產生的逐字稿內容。

STEP 5 於 **逐字稿** 標籤，選按下方逐字稿修正，完成調整後選按 **結束編輯**。

STEP 6 最後右上角選按 **選單 \ 匯出**，指定以 **SRT** 格式將這份逐字稿 (字幕) 以原語言或翻譯語言匯出 (可多選)，選按 **匯出** (可於瀏覽器預設下載資料夾看到該檔案)。

文字轉語音

"Studio | 雅婷" **文字轉語音** 主播級的 AI 配音專家，結合先進語音合成技術模仿真人語調，為每段文字帶來自然的聲音表達。

開啟瀏覽器，於網址列輸入「https://studio.yating.tw/」，進入 "Studio | 雅婷" 網站。選按 **服務 \ 多國配音**，選按 **立即試用**。

選按 **新增配音 \ 文字轉語音**。

選按文字框左側語者名稱，會開啟 **語者列表**，依描述特色選按合適的語者。

STEP
4
文字框中輸入文字，選按 **語音生成**，稍微等待後，**語音生成** 會轉變
為 **播放音檔**，即完成文字轉語音；可選按 **播放音檔** 聽看看。

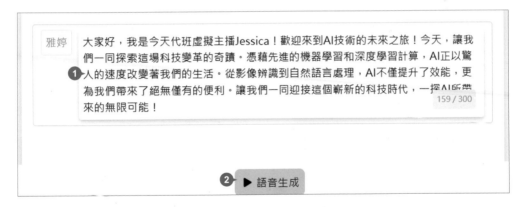

STEP
5
畫面右上角選按 **下載**，可以將音檔以 WAV 格式下載、儲存至電腦。

虛擬主播

不想露臉，不想出聲？虛擬主播產生工具幫你塑造虛擬人物形象、AI 主播，為品牌打造完美代言人。AI 主播是結合語音與人臉、肢體動作影像而成的虛擬人物，可以擬真表現各種人物姿態，多被用在企業宣傳、導覽和播報資訊...等。利用 AI 主播可以大幅降低影片拍攝成本，只要選擇 AI 主播形象，輸入文字，即可產生語音人物，為任何影片製造人物形象。

台灣新聞台也有使用 AI 虛擬主播的實際案例，例如：公視、民視、三立電視...等，使用 AI 虛擬主播播報新聞，不僅可以 24 小時播報新聞，更能節省人員的培訓時間。

"Studio | 雅婷" **虛擬主播** 免費 AI 主播產生工具：

■ 免費額度 1 小時 (依官方公告為主)，提供 12 種人物形象。

■ 包含三種男女聲線，17 國的語言可供選擇，還有台語版語音 (輸入中文字，可以自動轉換成台語)。

虛擬主播會依文字內容產生語音與臉部和嘴唇的變化，達到擬真效果。虛擬人物產生時間短，幾分鐘即可完成。"Studio | 雅婷" 提供的主播形象和語音適合用在企業發言人、線上教學、新聞主播、電商直播平台...等。

開啟瀏覽器，於網址列輸入「https://studio.yating.tw/」，進入 "Studio | 雅婷" 網站。選按 **服務 \ 虛擬主播**，選按 **立即試用 \ AI 虛擬主播**。

於左側 **選擇 Avatar** 選擇合適的主播外型，右側 **T 文字輸入** 方框中輸入文字稿。

STEP 3 **口音** 選按右側清單鈕，依描述特色選按合適口音；**語言** 選按右側清單鈕，選擇語言。完成後可 **播放試聽**，確認後選按 **生成影片**。

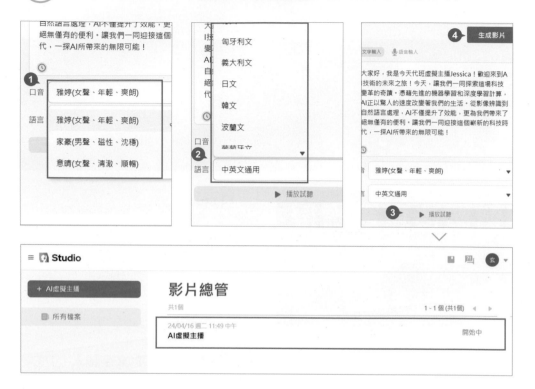

STEP 4 影片產生中會於右側顯示 **開始中**，當影片完成後 (有時需等待較長時間)，**開始中** 會消失，選按 **AI 虛擬主播** 開啟瀏覽。

影片左下角選按播放鈕，可預覽製作好的虛擬主播影片；影片右下角選按 ⋮ \ **下載**，可以下載 MP4 格式的影片、儲存至電腦。

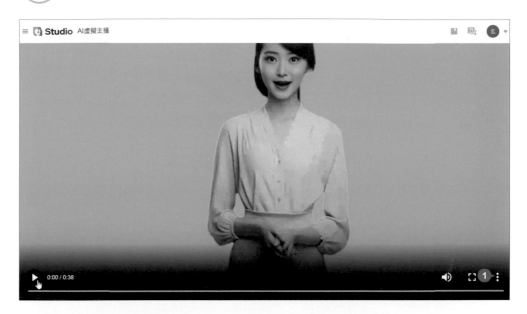

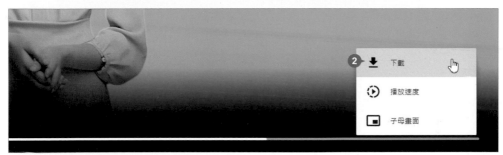

─ 小提示 ─

更多的主播外型

P6-31 STEP 2 選擇主播外型時，可上傳手邊的影片產生 AI 主播，影片格式須符合以下條件：

• 清楚明亮的正臉，影片中僅有一個角色。

• 檔案格式 MP4，50 MB 以內。

• 畫質解析度 1920 x 1080 以內。

AI 文字轉語音 TTSMaker

TIP 3

TTSMaker 能快速將文字轉為語音，支援多國語言以及多種語音風格，還可調節語速、音量、音高、停頓時間。

旁白聲音表現是影響短影音效果的重要因素，合適的聲音與風格能讓觀眾更投入影音內容中，完整看完影片內容。氣氛活潑的影片配上開朗嗓音能使影片更靈動；知識影音使用平穩、清晰的聲調，能更具專業度。

TTSMaker 線上文字轉語音工具：

■ 每週有免費額度 20,000 字，需要轉換更多文字可以購買付費版本，詳盡方案請參考官方網站說明。

■ 包含多國語言：中文、英文、日文...等約 50 種；內有 60 幾種語音類型，包括男女、孩童、說故事風格和不同口音的語音。

■ 將文字輸入即可快速獲得語音，免費版本一次能轉換 2,000 個字。

STEP 1 開啟瀏覽器，於網址列輸入「https://ttsmaker.com/zh-hk」，進入 TTSMaker 網站。

STEP 2 左側文字框輸入旁白文案 (文案文字上限為 2,000 字)，再於 **選擇語言** 選單選按合適語言。

STEP 3
右側 **選擇您喜歡的聲音** 列表，選按各聲音項目的 **試聽聲音**，試聽後選擇合適聲音。

STEP 4
試聽：下方選按 **高級設定**，開啟 **嘗試聆聽模式**，輸入驗證碼後選按 **開始轉換 (嘗試聆聽模式)**，即可產生前 50 個字的試聽內容。試聽後若想更換聲音，可於 **選擇您喜歡的聲音** 列表中重新選擇。

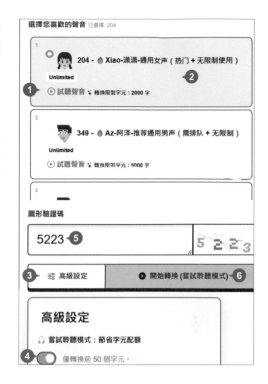

STEP 5
調整並試聽：開啟 **嘗試聆聽模式**，下方可設定 **調節語速、調節音量、音高調節、調節每一個段落 (換行) 的停頓時間** 四個項目，設定後輸入驗證碼，選按 **開始轉換 (嘗試聆聽模式)**，即可產生前 50 個字套用調整設定的試聽內容。

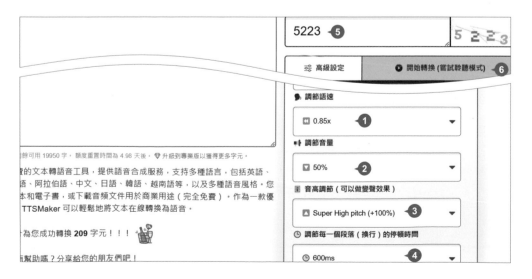

確定聲音後，於 **高級設定** 關閉 **嘗試聆聽模式**；**選擇下載檔案格式** 選取想要下載的檔案格式，輸入驗證碼後，選按 **開始轉換**，產生完整語音。

STEP 7 選按 **下載檔案到本地** 即可下載檔案。

Part 07

技巧升級不藏私

TikTok、YouTube Shorts 與 Instagram Reels 是現今最受歡迎的短影音平台，只要善加規劃和運用，不僅能提升品牌形象和影響力，更可成為無可替代的宣傳利器。

TIP 1 TikTok - 用標籤增加影響力

標籤就像是 TikTok 的指路牌，讓更多的人找到以及欣賞你的創作，因此絕對不能忽視其重要性。

使用標籤的優點

標籤的使用需要一些技巧和策略，只要掌握要點，就能有效地利用主題標籤為你的頻道引流。使用標籤有以下幾個優點：

■ **獲得較準確的推薦**：在 TikTok 發布內容，如果想被目標觀眾看到，標籤的使用就很重要。為影片加上標籤，就如同加上註解，讓 TikTok 演算法分析影片的內容和主題，進而把影片準確推薦給對這個主題可能有興趣的人。

■ **藉由熱門標籤快速漲粉**：使用熱門或特定活動的標籤，可以吸引關注熱門話題的用戶點擊並觀看內容。如果你的影片能在眾多熱門標籤的影片中脫穎而出，這些用戶就可能與你互動、點讚和關注你。

■ **瞄準消費族群**：如果你的品牌或商品服務有特定市場受眾，可以用相關或該群體有興趣的標籤，讓你的影片出現在他們的搜索結果或推薦頁面。

■ **建立自己的流量池**：除了使用與觀眾相關的關鍵字，也可以創造個人或品牌的專屬標籤，可能是頻道名稱、商品名稱，或是有趣好記的標籤...等，透過這些標籤，粉絲能在搜尋時快速找到你的頻道，增強曝光度。

有效提升流量的標籤公式

TikTok 中，添加標籤對於影音的曝光和流量非常重要，主題標籤不用多，透過正確使用，符合內容和目標的選擇，才能有效地引流。一般通用公式包含三種標籤，可依需求添加使用：1~2 個影片主題標籤 + 1~2 個主題延伸標籤 + 2~4 個目前正在流行、與你的影片內容有關的熱門標籤，使用的標籤總數介於 5~10 個以內。

找到最合適的標籤

標籤的使用是一門學問，正確使用最合適的標籤才能帶來更好的觸及或互動流量，以下提供幾種方法有效選擇標籤：

- **分析自己的影片類型**：自己的影片是什麼類型？烹飪教學？日常生活分享？還是動感舞蹈？生活技巧整理？依內容選擇不同的主題標籤，定義主題類型後，延伸選擇不同主題標籤。貼合主題的標籤，讓影片更容易出現在興趣相近的觀眾推薦列表裡，這類標籤導引過來的觀眾更容易對你的影片產生興趣，並進一步成為你的追蹤者。

- **了解受眾**：要清楚自己的目標群體是誰，初步列出年齡、性別、地區、興趣...等條件，並分析他們通常關注什麼內容。根據這些分析結果，選擇適合的主題標籤來吸引目標受眾。

- **尋找 TikTok 標籤**：於 TikTok 搜尋欄輸入與自己影片內容相關的關鍵字後，可以參考 **主題標籤** 清單；或是根據關鍵字下方的影片數量與相關性，選擇合適的標籤。在發布影片時輸入「#」再輸入關鍵字，TikTok 也會建議一些熱門的主題標籤，可從中選擇適合的使用。

- **研究相同類型影片**：通過分析相似風格或內容的熱門創作者，不僅能夠找到有效關鍵字，也可以更了解相同觀眾可能感興趣的標籤。由於每個人的影片內容和觀眾都不完全相同，標籤不需要完全複製，只需要依據自己的內容和觀眾選擇最佳標籤即可。

- **使用熱門標籤**：有些標籤熱度一直很高，例如：#fashion、#tiktok...等，可以為影片帶來更多的曝光。但熱門標籤必須與影片內容相關，否則可能會被平台判定為刷榜，觀眾也會感到受騙，反而影響你的影片推播程度。

- **參與主題標籤挑戰**：TikTok 用戶時常發起主題標籤挑戰，這些挑戰影片會在短時間內有較高的曝光度。參與流行的主題標籤挑戰並製作相關影片，可為頻道帶來更多的流量。

- **嘗試不同標籤**：多嘗試各種標籤組合，看看哪些標籤能為影片帶來較高的觸及率。紀錄、觀察並分析哪些標籤組合能帶來更高的參與率和觀看次數，有機會開發新的觀眾群，增加關注數。

- **建立自己的主題標籤**：如果影片內容較具獨特性，可以試著創造自己的主題標籤，提升內容的識別度。獨樹一格的標籤也可能帶起新的主題標籤趨勢，成為熱門標籤。

- **收集觀眾回饋**：透過影片發問，邀請觀眾分享他們的興趣、建議或是如何發現你的影片，不僅可以得到最直接的回饋，還可以讓觀眾感受到參與感和被重視，藉由反饋選擇更匹配內容的標籤。

熱門標籤

- **#TikTok、#TikTokChallenge**：適用於 TikTok 獨家趨勢或挑戰，就像活動、舞蹈...等，專門瀏覽此類型影片的觀眾，可以透過搜尋這些標籤發現你的影片。

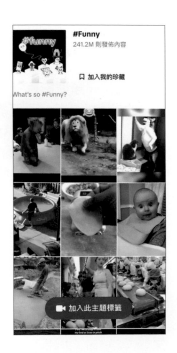

- **#follow、#FollowMe、#LikeForLike**：適用於創作者希望透過這些標籤傳遞：歡迎追蹤與分享的訊息，以累積大量人氣，擴大粉絲群。

- **#cute、#funny**：適合帶有可愛、喜劇元素的影片，這類影片很容易吸引觀眾。

- #travel：適用於展示旅行冒險、經歷、準備...等各種旅行相關影片。

- #photography：適用於展示相機拍攝技巧、照片拍攝的幕後花絮、構圖或色彩表達...等。

- #gamer、#gaming、#TikTokGamers：適用於展示遊戲相關，像在平臺上直播遊戲時也可以使用此標籤。

- #fashion、#FashionBlogger：適用於時尚創作者，像是發布新服裝、購物、服裝搭配或品牌評論的影片。

- #StayHealthy、#HealthTips：適用於包含健康知識、健康食譜和類似的內容。

- #skincare、#SkincareRoutine、#beauty、#BeautyHacks、#BeautyTips：適用於皮膚護理保養、保養品使用教學、髮型、化妝技巧或相關內容的影片。

為影片加上標籤

影片發布前，在說明文字的欄位中輸入「#」再加上標籤文字，下方會出現標籤清單，每個標籤右側的數字代表該標籤已被使用的次數，這個數字反映該標籤受歡迎程度和曝光潛力。清單中點選合適的標籤套用或再修改為合適的文字，依相同步驟可以新增多個標籤。

TikTok - 演算法的基本概念

TikTok 演算法,是決定影片是否能被推薦給更多用戶,從而獲得更多觀看次數的關鍵因素,透過了解,掌握流量密碼。

演算法流程

當影片上傳後,TikTok 演算法如何判別是否要向用戶推薦你的影片?下面為整理出影片上傳後,TikTok 演算法的運作流程:

■ **AI 初審**:上傳影片後,透過系統判讀,確認該支影片為原創內容及沒有違規後,即通過初審,接著影片便正式發布,進入下個階段。

■ **冷啟動**:AI 系統統合用戶位置及影片標籤...等條件,依據系統訂定的推薦流量進行分發,給予每支影片第一次的基本推薦流量。

■ **推薦流程**:隨後系統會觀察每支影片的評論、轉發、點讚、完播率、關注率...等狀況,並進行加權計算,從眾多影片中再挑選出排名較前的優質影片,再次平均分配推薦流量給優質影片,如此循環,優質且分數越高的影片,就會獲得越多的推薦流量。

■ **流量驗證疊加推送**:當影片達到 TikTok 每次重複評分與篩選的標準,就會逐步進入更高階段,獲得更多推薦流量,透過疊加推薦,進入 "精品推薦流量池",觀眾也會從首頁的 **為您推薦** 看到影片;倘若影片分數於某一階段未達標,就會暫時停止推薦,該影片則會止步於某一階段的曝光推薦,當流量愈低,自然就無法進入 "精品推薦流量池"。

演算法評分指標

TikTok 演算法會如何為你的影片評分？由哪些因素決定呢？下面介紹幾個演算法的重要評分指標：

- **完播率**：指觀眾完整觀看你影片的比例，是看一下就滑走？或是都從頭看到尾？較高的完播率表示你的內容對觀眾有吸引力；相反的，較低的觀看時間，可能表示你的影片較無法吸引觀眾。

- **點讚率**：指觀眾對影片點讚的比例，點讚率越高，表示觀眾喜歡影片內容並對影片作出正面回饋，因此演算法會將讚數多的內容視為觀眾有興趣，而且內容較優質的影片，高點讚率的影片更有可能被推薦給更多用戶。

- **互動率**：指評論留言的次數。互動率愈高，意味著觀眾對影片內容有較高的投入。想提高評論數，可以用引導留言的方式，例如：在影音內容中加入 "讓觀眾選擇哪一個好看？"、"比較喜歡哪一個口味？"；也可以透過即時回覆與觀眾互動以增加評論的數量。

- **轉發率**：指影片被下載或轉發、分享至其他平台，都可增加轉發指標的分數。當影片被廣泛分享時，顯示其具有相當的吸引力和傳播力。因此想要提高轉發，創作者需營造出引人注目的話題、提供有價值的訊息或知識...等，以激勵觀眾分享你的影片，將影片推廣至更多人的目光中。

- **關注率**：指新觀眾看了影片後，選擇關注該創作者的比例。關注率是影片觀看次數與新增關注數之間的關係。關注率表示觀眾對創作者和其內容有強烈的興趣和信任，願意持續關注其未來的影片內容。

演算法如何分類影片並精準推薦

TikTok 會根據影片內容進行分類，例如：聲音、標籤、效果、地點、語言和音樂...等，這些因素都會影響影片分類以及推薦給目標觀眾的準確性。

- **標籤、效果與內容**：標籤、某種特定濾鏡，或影片類型、情節、當中角色...等都會影響演算法判斷，導致影片分類和推薦對象是否正確與相關。

- **地區與文化**：影片拍攝與上傳地點、不同區域文化，也會影響演算法推薦的觀眾，例如：台灣拍的影片會優先推薦給台灣觀眾；此外，許多台灣觀眾對日本動漫或文化習俗感興趣...等，這些偏好也會影響推薦結果。。

- **語言偏好與字幕**：中文影片會優先推薦給使用或喜歡中文的觀眾；如果是英文影片，建議加入中文字幕，這樣更容易被推薦給中文觀眾。

- **背景音樂**：演算法會辨識影片中包含的流行歌曲、熱門聲音或音樂...等，然後將影片推薦給喜歡這些流行歌曲或可能感興趣的觀眾。

演算法如何依標題增強推廣

了解如何撰寫吸引人的標題來提高 TikTok 影片流量，並掌握 TikTok 演算法如何根據這些標題進行推薦，提升影片曝光率和觀看次數。

- **鎖定目標觀眾**：直接在標題鎖定目標觀眾，引起興趣，例如："單身女生的必要生活用品！"、"年輕人存錢的關鍵！"，演算法會更頻繁推薦。

- **使用疑問句**：把問題拋給觀眾，激發好奇，例如："貓咪不能亂吃的水果，你知道幾種？"、"蛋白質最好的補充時間是幾點？"，高互動率的影片演算法會優先推薦。

- **形容反差**：利用對比或反差引起好奇，例如："看小狗如何趕跑五尺大鱷魚"、" 50 歲天天這麼做看起來像大學生"，這樣的標題吸引力強，可提升點擊率和觀看時間。

- **數字式標題**：用數字將描述變具體，例如："三個月讓你追縱者破百萬"、"好老公的三大特質"，具體數字能提高點擊意願，演算法會根據點擊率和觀看次數提升推薦機會。

TIP 3

TikTok - 資料分析

查看 TikTok 影音各項數據分析可以精準判斷流行趨勢，掌握高點擊率、按讚、轉發數的影片技巧，創造流量變現。

帳號整體流量資料分析

於 👤 **個人資料** 畫面點選 ☰ \ **創作者工具 (TikTok Studio)**，**資料分析** 點選 **查看全部**。(首次查看需於 **資料分析** 點選 **開始 \ 開啟** 開啟資料分析功能，數據需要 1~2 天才會出現。)

於 **資料分析** 畫面 **概述** 標籤選擇要查看的時段，再於下方查看各項指標，也可以於 **內容**、**粉絲** 與 **直播**...等標籤查看其他相關的數據資料。

影片資料分析

如果想查看每部影片個別的數據分析，可在自己的影片下方點選 **更多深入分析**，進入 **影片分析** 畫面，於影片縮圖下方由左到右分別是 ▶ 播放次數、♥ 按讚數、💬 評論數、↗ 轉發數、🔖 珍藏數。

下方可依照查看需求點選標籤，由下往上滑動可瀏覽影片在該項標籤的分析數據：**總覽** 標籤包括 **影片觀看次數、留存率** 及 **流量來源**；**觀眾** 標籤包括 **觀眾總數、觀眾類型、性別、年齡** 及 **位置**；**參與度** 標籤包括 **熱門評論詞彙、按讚數**。

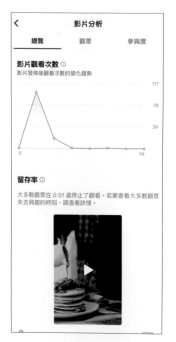

TIP
4

TikTok - 影片送禮

TikTok 的動態和直播間,可以透過贈送虛擬禮物,向創作者表達欣賞,但必須年滿 18 歲 (南韓為 19 歲) 才能送出禮物。

在影片中送禮

觀看影片時想送禮,可以點選 💬,於畫面最下方 **新增評論** 右側點選 🎁,清單中每種禮物下方,都會顯示需要的金幣數量,你可以依據 🪙 右側金幣數量,點選想要購送的禮物,再點選 **傳送完成贈送**;如果金幣不夠,則可以點選 **儲值**,依步驟購買金幣。

在直播中送禮

於 TikTok 🏠 **首頁** 左上角點選 🔴 進入直播畫面,畫面下方點選 🎁,清單中每種禮物下方,都會顯示需要的金幣數量,你可以依據 🪙 右側金幣數量,點選想要贈送的禮物,再點選 **發送** 完成贈送;如果金幣不夠,則可以點選 **儲值**,依步驟購買金幣。

為自己影片開啟送禮權限

如果希望收到別人送的禮物，帳號和影片必須信譽良好，遵守 TikTok 的《社群自律公約》、《服務條款》、《隱私權政策》和《獎勵政策》，並持續符合以下條件才可以開啟：

■ 至少有10,000 名粉絲。

■ 影片必須通過安全審核，才有資格收取禮物。

■ 帳號活躍天數至少為 30 天。

■ 符合年齡要求。

■ 不是政府、政治人物或政黨使用的帳號。

只要符合以上的條件，於 👤 **個人資料** 畫面點選 ☰ \ **創作者工具 (TikTok Studio)** \ **影片禮物**，再於 **禮物** 右側點選 ⬤，再點選 **開啟禮物功能** 即可。

TikTok - 下載影片

TIP 5

用戶可以儲存喜愛的影片，但為了保護內容創作者的權益，創作者可以關閉下載權限，降低影片被濫用或侵權的風險。

下載其他創作者的影片

開啟想要下載的影片，於影片右下角點選 ，畫面下方點選 ⬇ **儲存影片** 就會開始下載至行動裝置，如果沒有 **儲存影片** 選項，代表該創作者不允許他人下載影片。(下載的影片會有 TikTok 浮水印，影片中的音樂也可能因為版權而無法同影片一起下載。)

關閉自己的影片下載權限

TikTok **影片下載** 權限，預設是開啟的，如果想關閉此權限，可以於 **個人資料** 畫面點選 ，於畫面下方點選 **隱私設定 \ 隱私權**。

於 **隱私權** 畫面下方點選 **下載項目**，再於 **影片下載** 右側點選 ⬤▭ 呈 ▭⬤ 即關閉影片下載權限，之後觀眾於你的影片點選 ↪，就不會出現 **儲存影片** 的選項，但仍可以使用連結分享。

小提示

無法開啟 TikTok 影片下載設定？

如果你的帳號是隱私帳號或者你未滿 16 歲，則影片 **下載設定** 的預設為關閉，而且也無法開啟該設定。如已滿 16 歲的創作者想開啟 **下載設定**，只要將帳號變更為公開帳號，就可以選擇開啟或關閉。

YouTube Shorts - 開啟頻道版面

TIP 6

開啟 YouTube 頻道的 Shorts 版面，不僅方便創作者將短影音作品整合到專屬版面，還能提升曝光度。

STEP 1

以電腦瀏覽器進入 YouTube 首頁，於側邊欄選按 **你的頻道 \ 自訂頻道**，於 **版面配置** 標籤 \ **精選版面** 選按 **+ 新增版面 \ 短片**。

STEP 2

新增的 **短片** 版面預設會在最下方，將滑鼠指標移至 **短片** 左側 ≡ 上呈手指狀，按住不放拖曳至最上方，會顯示在頻道 **首頁** 第一個，最後於畫面右上角選按 **發布** (**短片** 版面會在上傳 Shorts 後出現)。

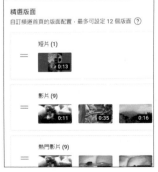

YouTube Shorts - 透過電腦上傳

電腦上傳可設定影片元素、檢查項目和瀏覽權限，還能安排影片上傳的時間，配合特殊節日或時間點。

STEP 1 以電腦瀏覽器進入 YouTube 首頁，於畫面右上角選按 🎬 \ **上傳影片**，視窗中選按 **選取檔案** 選擇合適的 Shorts 影片 (影片長度不能超過 60 秒；影片比例必須為 9:10 直式影片)。

STEP 2 於 **詳細資訊** 欄位輸入 **標題**、**說明** 及其相關資訊，再核選 **目標觀眾** 中合適的項目，選按 **下一步**。

STEP 3 於 **影片元素** 與 **檢查項目** 畫面分別確認是否新增資訊卡、片尾或字幕，與檢查內容著作權有無問題。

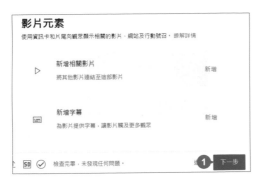

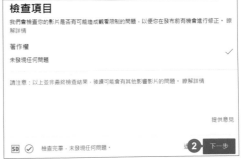

STEP 4 於 **瀏覽權限** 畫面如果將影片核選為 **私人** 或 **不公開**，需選按 **儲存**；如果核選為 **公開**，則需選按 **發布** 上傳短影音。(若想安排上傳時間，先不要選按 **儲存** 或 **發布**，可依下頁說明操作。)

如需安排影片公開的日期與時間，可以選按 **安排時間** 右側 ⌄ 展開項目，設定影片欲公開的時程，再選按 **安排時間**，即可在指定的時間上傳影片。

STEP 5 最後選按 **關閉**，回到 YouTube 首頁，於側邊欄選按 **你的頻道**，即可在 **首頁** 或 **Shorts** 標籤看到上傳的短影音。

YouTube Shorts - 用頻道上的影片剪輯

將之前上傳的 16:9 橫式影片或秒數大於 60 秒的影片，重新製成 Shorts 與觀眾分享，讓影片可以用另一種方式宣傳，吸引更多觀眾。

以行動裝置進入 YouTube 首頁，點選畫面下方功能列 **你的內容 \ 你的影片 \ 影片** 標籤，開啟自己頻道中的某部影片 (該影片的設定必需為：公瀏覽權限；Shorts 重混允許重混影片和音訊)。

於播放畫面下方點選 ✂ **Remix \ ✂ 剪輯成 Shorts**。

STEP 3

於畫面右上角點選影片長度 **15** 或 **60** 秒,左右滑動到想要呈現的影片區段,拖曳左右二側 ⎮ 設定開始與結束時間點,調整起迄時間。

STEP 4

上方預覽畫面左右拖曳調整影片顯示範圍後,點選 **完成**,接著參考 Part 04 說明,新增元素或套用濾鏡...等,點選 **下一步**,最後輸入影片的資料與設定後點選 **上傳 Shorts** 即完成。

 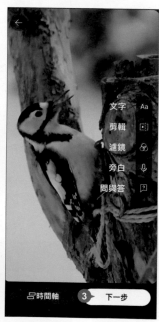 

小提示

套用不同比例的版面

於剪輯影片的畫面中,如果影片不想以直式 9:16 的比例裁切,可以點選 **版面配置**,裡頭有多種版面配置可供選擇。

YouTube Shorts - 查看數據分析

TIP **9**

如果想進一步瞭解 Shorts 成效,可以到 YouTube 工作室數據分析中找到更多資料,包含觀看次數、留言數...等指標。

STEP **1**

以電腦瀏覽器進入 YouTube 首頁,於畫面右上角選按帳號大頭貼 \ **YouTube 工作室**,於側邊欄選按 **內容**,再於 **Shorts** 標籤,將滑鼠指標移到要查看數據的影片選按 數據分析。

STEP **2**

於 **總覽** 標籤選按 **觀看次數** 與 **訂閱人數** 就可以看到累計的數據,右側欄位有 **即時** 數據,可以看到目前立即發生的數據,右上角則是此份數據的時間,選按 可於清單中選擇其他時段來了解數據。

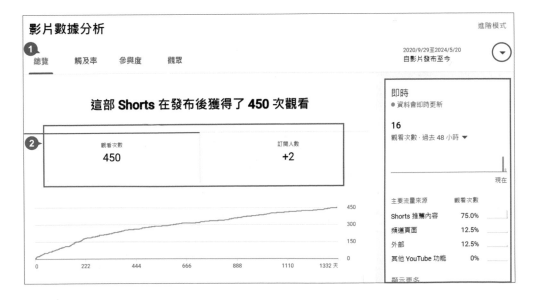

STEP 3 於 **影片數據分析** 畫面中可以選按其他標籤了解相關數據：**觸及率** 標籤包含 **出現在動態中的次數、觀看次數** 與 **非重複觀眾人數**...等指標；**參與度** 標籤包含 **觀看時間(小時)** 與 **平均觀看時間**...等，**觀眾** 標籤包含 **回訪的觀眾、非重複觀眾人數** 與 **訂閱人數**...等指標。

───── **小提示** ─────

用進階模式比對更多數據

於 **影片數據分析** 畫面右上角選按 **進階模式**，可以進行更多數據的比對分析，還可以選按 ⊕ 新增數據指標，十分便利。

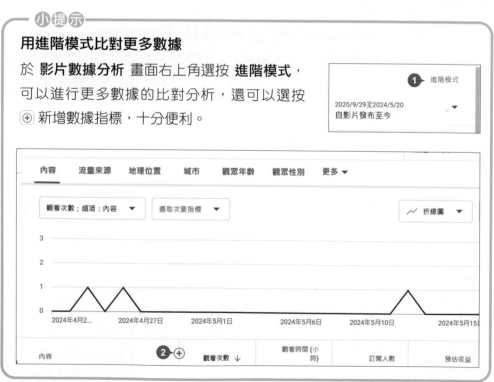

YouTube Shorts - 賺取收入的機會

10
TIP

YouTube 2023 年 2 月 1 日宣布，旗下所有開啟廣告盈利的頻道，都能夠透過創作 Shorts 獲得廣告收入。

營利資格

申請 Shorts 廣告收益前，首先需加入 YouTube 合作夥伴計畫 (YPP)，資格規定為：

■ 在過去 12 個月內獲得 1,000 名訂閱者，且影片有效觀看時數累計 4,000 個小時。

■ 在過去 90 天內獲得 1,000 名訂閱者，且 Shorts 有效觀看次數累計 1,000 萬次，而且 Shorts 公開影片觀看時數會計入 4,000 小時的有效公開影片觀看時數門檻。

此外要透過影片營利，頻道還必須符合《YouTube 頻道營利政策》，包括重複內容和重複使用內容相關政策。此外也應遵守 YouTube 的《社群規範》、《服務條款》、著作權規定和《Google AdSense 計畫政策》。

符合以上條件，以電腦瀏覽器進入 YouTube 首頁，於畫面右上角選按帳號 \ **YouTube 工作室**，側邊欄選按 **營利**，即可依步驟啟用。此外還需《Shorts 營利單元條款》才可以啟用 Shorts 廣告收益分潤功能。

Shorts 廣告收益分潤四個步驟

■ **匯總 Shorts 動態廣告收益**：YouTube 每個月都會根據 Shorts 動態影片間放送的廣告匯總收益，並以此獎勵創作者及支付音樂授權費用。

■ **計算創作者整體收益**：根據創作者上傳的 Shorts 觀看次數和音樂使用情形，將 Shorts 動態廣告收益分配至創作者整體收益。

　(如果上傳未使用音樂的 Shorts，Shorts 觀看次數的相關收益都會歸入創作者整體收益；上傳含有 1 首歌曲的 Shorts，Shorts 的觀看次數相關收益將有一半歸入創作者整體收益，另一半則用於支付音樂授權費用；如果是有 2 首歌曲的 Shorts，觀看次數相關收益將有三分之一歸入創作者整體收益，另外三分之二則用於支付音樂授權費用。)

■ **分配創作者整體收益**：根據創作者的 Shorts 觀看次數在各國家或地區總觀看次數的占比，從創作者整體收益中向他們分配相應的金額。

■ **套用收益分潤**：無論創作者是否使用音樂，都可以全完保留所分配收益的 45%。

不會產生收益的 Shorts 觀看次數

以下幾種狀況 YouTube 不會計入 Shorts 觀看次數，也就表示不會產生收益的情況：

■ 非原創的 Shorts，例如：擷取他人電影或電視節目或 YouTube 或其他平台創作者內容，且未經編輯的短片，或是未加入原創內容的合輯。

■ 以人為方式增加或造假的 Shorts 觀看次數，例如：用自動點擊工具的觀看次數。

■ 不符合《廣告友善內容規範》的 Shorts 觀看次數。

(更詳細的 YouTube 頻道營利政策可參考 https://s.yam.com/BH2x4 的說明)

TIP 11

YouTube Shorts - 提升點閱率

在眾多短影音服務的社群平台與大量短影片中，想提升點閱率，可以把握以下幾個重點。

掌握 Shorts 設計加分重點

■ **短時間內快速吸引觀眾目光**：Shorts 短影音時間最多只有 60 秒，如果想留下觀眾看完影片，必須把握一開始 3-5 秒，呈現重要資訊並吸引觀看，才能達到較好的宣傳效果。在短影音的縮圖和標題的設計，也要盡可能明顯而簡短吸睛，可以利用對比色設計，讓觀眾快速掌握影片的主題和重點，進一步吸引點擊。

■ **善用字卡傳達重要資訊**：創作者可在短影音中適當加入字卡，以突顯影片重點，除了可以幫助觀眾理解並掌握影片內容，提供商品名稱、優惠...等資訊，也能方便觀眾截圖保留轉發。在增加字卡時也要特別注意在介面的擺放位置，不要被遮擋或裁切。

■ **互動式結尾設計**：短影音整體時間短，觀眾較有耐心看完影片。創作者可以利用這個特色，在影片結尾設計明確的 CTA（Call-To-Action）呼籲觀眾進一步行動，藉此創造更出色的宣傳成果。例如在 Shorts 結尾導流觀眾觀看頻道的長影片、或是呼籲觀眾訂閱頻道。

■ **運用流行曲目**：觀眾觀看 Shorts 影片時，如果對影片的背景音樂有興趣，就會從 Shorts 影片右下角的音樂圖示，進入該曲目的頁面，頁面中會顯示所有使用該曲目的 Shorts 影片，透過使用當前流行、熱門的背景音樂來獲得額外曝光，接觸到更多潛在觀眾。

掌握 Shorts 資訊文案加分重點

■ 撰寫清楚的標題、文案

於影片標示清楚、不冗長的標題與文案，除了能幫助演算法判讀影片內容，將其推播給可能有興趣的觀眾，更有機會觸及更多潛在客群，也能讓觀眾更快速掌握影片重點。但也因為觀看的時間不長，所以文字要更精簡，正確的斷行，讓觀眾在短時間內就能讀完並了解內容，使標題在觀眾眼中看起來精簡有力、主題明確。

■ 挑選正確的標籤

標籤是幫助搜索引擎推薦、觀眾辨識和尋找影片內容的重要標示，可混用不同類型的標籤，並定期分析標籤成效，在使用每種標籤時都要有明確的目標，不論是單一標籤或是標籤組合都可能產生不同的結果，為你的頻道定義風格和定位，提升整體曝光率和觀眾參與度。

使用正在流行或熱門的標籤，可能獲得額外的獎勵流量，也可能觸及更多潛在的觀眾，但還是要注意影片內容與標籤的一致性，隨意使用與影片不相關的熱門標籤可能導致反效果。

掌握其他加分重點

■ 開啟頻道首頁 Shorts 版面

在 YouTube 首頁將 Shorts 版面放在進入後馬上就可以看到的位置，讓觀眾可以快速用短影片了解頻道，並導流到其他長影片，達到更好的曝光效果。

■ 定期分析流量數據

從 YouTube 工作室能看到 Shorts 的觀看次數、喜歡數量...等各種重要指標，創作者可以從這些數據來分析哪些影片較受觀眾歡迎，並依據這些特點來延續創作靈感。可以從觀眾的年齡層和性別、熱門地區、最多觀眾選擇的字幕/CC 語言...等數據更了解你的觀眾，藉此調整影片內容或方向有效地吸引和留住觀眾。

TIP 12 Instagram Reels - 珍藏範本

瀏覽其他創作者的 Instagram Reels 時，可儲存其影片應用的範本，後續自己創作時取出並加以應用，輕鬆打造精彩作品。

珍藏其他創作者影片中使用的範本

於喜歡的 Instagram Reels 點選 **使用範本**，再於畫面右上角點選 ⚫ \ **儲存**。

使用珍藏的範本

於個人頁面右上角點選 ☰ \ **我的珍藏**，再於 **我的珍藏** 畫面點選 **所有貼文**。

於 **所有貼文** 畫面點選儲存的範本，於該影片畫面上點一下開啟全畫面播放，再點選 **使用範本** 即可開始製作影片。

Instagram Reels - 查看觀看次數

TIP 13

創作者可查看影片觀看次數，有助於了解受眾反應並優化；也可於同性質創作者或店家帳號中觀察，進一步改進策略。

Instagram 連續短片觀看次數指的是共有多少觀眾看過這部連續短片。同一個人重複觀看不會讓觀看次數增加；如果有多人重複播放你的連續短片，雖然觀看次數不會增加，但是演算法較可能會加分。

於自己或其他創作者 畫面點選 ，影片縮圖左下角就可以看到該影片的觀看次數。

小提示

商業帳號直接查看洞察報告

如果你是商業帳號，於要查看數據的連續短片左下角點選 **查看洞察報告** (或於**右側點選 ... \ 洞察報告**)，就會有更多的數據可以參考，例如：**按讚數、留言數、儲存次數、分享次數**...等項目。

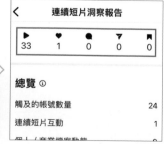

TIP 14

Instagram Reels - 隱藏按讚數

隱藏按讚數有助於讓觀眾專注在影音內容，不會因其他用戶的按讚數影響對影片的看法。

發布前設定隱藏按讚數

發布連續短片前最後設定畫面點選 **進階設定**，再於 **隱藏此連續短片的按讚數** 右側點選 ⚪ 呈 🔵，這個連續短片的按讚數就只有創作者自己看的到。

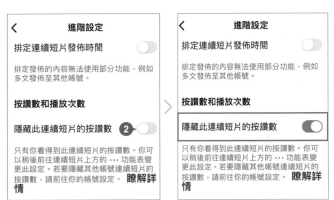

發布後設定隱藏按讚數

於已發布的連續短片右下角點選 ⋯ ，再點選 **管理 \ 隱藏按讚數**，這個已發布的連續短片按讚數就只有創作者自己看的到。

TIP 15

Instagram Reels - 下載連續短片

用戶可以下載儲存喜愛的影片，但為了保護內容創作者的權益，創作者可以決定是否要開啟或關閉下載權限。

下載其他創作者的連續短片

於要下載的連續短片右下角點選 ▽，再點選 **下載** 就可以下載該連續短片，如果影片沒有 **下載** 選項，代表該創作者不允許他人儲存影片。(下載影片會有 Instagram 浮水印和創作者帳號，影片中的音樂也可能因為版權而被刪除。)

發布連續短片前關閉下載權限

Instagram 預設連續短片下載是開啟狀態，如果想關閉此功能，於發布連續短片前的最後設定畫面點選 **進階設定**，再於 **允許用戶下載你的連續短片** 右側點選 ◉ 呈 ◯ (若出現詢問針對所有或這段連續短片關閉，請選擇合適的項目套用)。

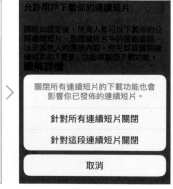

發布連續短片後關閉下載權限

如果想針對已發布的 Instagram 連續短片關閉下載權限，於要關閉下載功能
的連續短片右下角點選 ⚫⚫⚫，再點選 **管理 \ 關閉下載功能**，這樣之後其他觀眾
點選 ▽ 就不會出現 **下載** 選項。

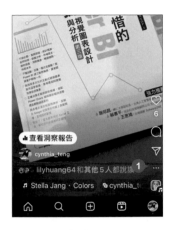

一次關閉所有連續短片下載權限

如果希望一次關閉所有連續短片的下載功能，可以直接點選 ◎ \ ☰ 進入 **設
定和動態** 畫面，點選 **分享和混搭**，再於 **允許用戶下載你的連續短片** 右側點
選 ⬤ 呈 ◯ 。

短影音制霸--打造 TikTok、YT Shorts、IG Reels 成功方程式與 AI 高效創作力

作　　者：鄧君如 總監製 / 文淵閣工作室 編著
企劃編輯：王建賀
文字編輯：王雅雯
設計裝幀：張寶莉
發 行 人：廖文良

發 行 所：碁峰資訊股份有限公司
地　　址：台北市南港區三重路 66 號 7 樓之 6
電　　話：(02)2788-2408
傳　　真：(02)8192-4433
網　　站：www.gotop.com.tw
書　　號：ACU086800
版　　次：2024 年 06 月初版
建議售價：NT$420

國家圖書館出版品預行編目資料

短影音制霸：打造 TikTok、YT Shorts、IG Reels 成功方程式與
AI 高效創作力 / 文淵閣工作室編著. -- 初版. -- 臺北市：碁
峰資訊, 2024.06
　　面；　公分
　　ISBN 978-626-324-829-8(平裝)
　　1.CST：多媒體 2.CST：數位影像處理 3.CST：數位影音處理
312.8　　　　　　　　　　　　　　　　　113007315